Wolfgang Voigt
Biologische Vielfalt erhält die Lebensgrundlagen aller Lebewesen

AF570403

Wolfgang Voigt

Biologische Vielfalt erhält die Lebensgrundlagen aller Lebewesen

Sachbuch über die zentrale Rolle der Honigbiene im biologischen Kreislauf

FRIELING

Bibliografische Information der Deutschen Nationalbibliothek
Die Deutsche Nationalbibliothek verzeichnet diese Publikation in der Deutschen Nationalbibliografie; detaillierte bibliografische Daten sind im Internet über http://dnb.d-nb.de abrufbar.

© Frieling-Verlag Berlin • Eine Marke der Frieling & Huffmann GmbH & Co. KG
Rheinstraße 46, 12161 Berlin
Telefon: 0 30 / 76 69 99-0
www.frieling.de

ISBN 978-3-8280-3400-6
1. Auflage 2017
Umschlaggestaltung: Michael Reichmuth (Foto U1: Phils Photography/fotolia.com)
Bildnachweis: Archiv des Autors
Sämtliche Rechte vorbehalten
Printed in Germany

Inhalt

Vorbemerkungen

Der Lebensraum des Menschen ist die Erde. Diese ist ihm bis zum gegenwärtigen Zeitpunkt nur ein einziges Mal gegeben. Besser gesagt: Der Mensch hat nach seiner Menschwerdung in einer vieltausendjährigen Geschichte die Erde besiedelt. Dabei hat er zu seiner Ernährung beständig nach Nahrungsquellen gesucht und gezwungenermaßen seinen Aufenthaltsraum stetig gewechselt. Bis er gefunden hatte, was er suchte. Er wurde sesshaft, wenn in dem besiedelten Gebiet sicher Nahrung vorhanden war. Die weitere Entwicklung des Menschen ist uns allen sehr wohl bekannt. Bei den vielfältigen von Menschen verrichteten Tätigkeiten entwickelte sich eine außerordentlich umfangreiche Spezialisierung. Das geschieht gegenwärtig in vielen Fällen mit nur oberflächlichem Kontakt zur Natur – im Elternhaus, in der Schule und auch danach im Berufsleben. Dank seiner wichtigsten Fähigkeit, dem Lernen, konnte sich der Mensch eigene Berufe schaffen und diese so ausgestalten, wie es das reale Leben erfordert.

Aus dieser Sicht sind Eltern, Lehrer und Erzieher bedeutungsvoll. Gemeinsam sorgen sie für eine optimale Entwicklung jedes jungen Erdenbürgers bis zu seiner körperlichen und geistigen Reife. Gemeint ist jener Grad seiner menschlichen Entwicklung, bei der er in die Lage versetzt wird, sachkundige Entschlüsse reifen zu lassen und diese in der Folge auch ideenreich umzusetzen. Dazu gehört aus naheliegenden Gründen die Nahrungsmittelproduktion durch die Landwirte – schließlich müssen alle Menschen essen und trinken –, aber auch die nahrungsmittelverarbeitende Industrie und alle daran Beteiligten wie Produzenten, Händler und Verkäufer.

Das Land und auch das Meer wurden die entscheidenden Bereiche für die Ernährung der Menschen. In der Land- und Forstwirtschaft muss alles produziert werden, was die Menschen zu ihrem Leben benötigen. Ihre wirtschaftliche Bedeutung für alle Regionen ist eng an ihre ökologische Verantwortung für Naturräume und Kulturlandschaften sowie an ihre Verantwortung für Arbeit und Beschäftigung gebunden. Ernährungssicherheit wird es für den Menschen nur im Einklang mit der Natur geben. Doch die ständig wachsenden Herausforderungen wie Klimaschutz, Erhalt der Artenvielfalt, Wassermanagement oder der Ausbau erneuerbarer Energien stellen weiter steigende Anforderungen an alle Menschen (*Umbrüche auf märkischem Sand,* 2011, S. 75).

Für den Erhalt biologischer Vielfalt hat die Honigbiene höchste Bedeutung. Sie ist aus ökonomischer Sicht das drittwichtigste Haustier nach Rind und Schwein. Dank ihrer Fähigkeit, die Blüten von 76,7 % aller Blütenpflanzen zu befruchten, geht allerdings ihre Bedeutung weit über diesen definierten Rahmen als Haustier hinaus. Die wirtschaftliche Leistung der Honigbiene wird auf weltweit 153 Milliarden Dollar beziffert, doch diese Darstellung erfasst nicht ihre Bedeutung für wildlebende Blütenpflanzen, die zum Erhalt ihrer jeweiligen Art auf eine Bestäubung angewiesen sind. Es ist die Honigbiene, die neben Hummeln, Fliegen, solitären Wildbienen, Ameisen und anderen Insekten den entscheidenden Anteil am Erhalt der natürlichen Umwelt hat. Für den Erhalt biologischer Vielfalt ist es aus diesem Grunde von allergrößter Bedeutung, dass Honigbienen flächendeckend – sowohl auf landwirtschaftlich bewirtschafteten Flächen als auch im Wald – in ungenutzten Schutzgebieten und Ortschaften wirken können. Dabei dürfen keine Lücken entstehen, in denen die Blütenbestäubung nur den anderen an der Blütenbestäubung beteiligten Insekten überlassen bleibt. Denn die anderen Bestäuber befliegen häufig nur ganz spezielle Blütenpflanzen, die von Honigbienen aufgrund ihrer Rüssellänge nicht bestäubt werden können (ebd. S. 127).

Waldameisen haben eine Reichweite von einigen Dutzend Metern – anders als Honigbienen, die Blütenpflanzen auf mehrere Kilometer Entfernung anfliegen können. Dies ist bei der Ernährung der Ameisen zu berücksichtigen. Ameisen müssen als räuberische Jäger die für ihren Fortbestand erforderliche Menge an Nahrung innerhalb eines Lebensraums von ein paar Dutzend Metern erbeuten. Ist dies nicht möglich, gehen die Stärke ihres Volks und auch ihre Anzahl zurück. Damit stellt sich die Frage, ob es auch möglich ist, den Schutz von landwirtschaftlichen Kulturen vor Insektenfraß durch Ameisenarten in Erwägung zu ziehen. Es ist aus gegenwärtiger Sicht wahrscheinlich die einzige

Möglichkeit, zu einer ausgewogenen biologischen Vielfalt zurückzukehren. Bereits hier ist ein wesentlicher Aspekt des Konzeptes erkennbar, kein Gift gegen „Schädlinge" einzusetzen, sondern stattdessen ihre natürlichen Gegenspieler zu unterstützen, bis ein natürliches Gleichgewicht zwischen den Arten wiederhergestellt ist. Eine flächendeckende Wiederansiedelung von Honigbienen im Wald kann ihre dauerhafte Nutzung als Eiweißkomponente der Ameisennahrung ermöglichen und dazu beitragen, die Anzahl der Ameisenvölker und ihre Stärke zu erhöhen. Die erforderlichen Bedingungen, aber auch die möglichen Probleme bedürfen der Erforschung. Die dabei gewonnenen Erkenntnisse wiederum könnten dazu beitragen, einem extremen Insektenbefall, wie etwa nach Sturmschäden, auf natürliche Weise zu begegnen, indem eine Eiweißquelle der Ameisen, die Honigbiene, zeitweise aus dem betroffenen Gebiet entfernt wird. Entscheidend dabei ist, dass die Nahrungskomponenten Honigtau und Blütennektar als Nahrung für die Ameisen ebenso wie für die Honigbienen uneingeschränkt zur Verfügung steht. Pflanzensaugern und blühenden Bäumen und Sträuchern ist deshalb größtmöglicher Schutz zu gewähren (ebd. S. 135).

Von 1992 bis zum gegenwärtigen Zeitpunkt – insgesamt mehr als 25 Jahre – habe ich auf dem Gebiet des gemeinsamen Wirkens von Honigbienen, Waldameisen und Blattläusen zahlreiche Untersuchungen angestellt, sechs Bücher und unzählige Aufsätze veröffentlicht, unter anderem 37 eineinhalbseitige Beiträge in der Zeitschrift *München Querbeet*. Nun will ich ein Resümee ziehen und diese ein Vierteljahrhundert andauernden Bemühungen abschließend bewerten.

In all den Jahren hat sich Prof. Burkhard Schricker von der Freien Universität Berlin für insgesamt 32 individuelle Konsultationen zur Verfügung gestellt. Diese Konsultationen wurden vereinbart nach einem Vortrag, den ich anlässlich einer Vertretertagung als Obmann für Bienenweide des Landesverbandes Brandenburgischer Imker zu dieser Thematik gehalten hatte. In diesem Vortrag habe ich öffentlich über meine bis zu diesem Zeitpunkt vorliegenden Erkenntnisse berichtet und den Honigbienen eine Rolle zugesprochen, die über den zu diesem Zeitpunkt aktuellen Erkenntnisstand hinausging. Die vereinbarten Rücksprachen hatten den Zweck, die jeweils aktuellen Erkenntnisse mit einem ausgesprochenen Spezialisten auf diesem Gebiet zu diskutieren, um sie in der Folge in den persönlichen Publikationen korrekt darzustellen und Fehler zu vermeiden. Die genannten Konsultationen erfolgten bis zum 23.06.2015 über einen Zeitraum von mehr als 13 Jahren.

Nun will ich einerseits meine bisherigen Arbeiten zusammenfassen und mich andererseits aktiv darum bemühen, den Kenntnisstand meiner Leser zu erweitern. Dieses Buch umfasst deshalb meine Dissertation und deren Rigorosum, die ursprünglichen Pressebeiträge für die Zeitschrift *München Querbeet* sowie einen seit Jahren verfassten Lichtbildvortrag. Es ist zu hoffen, dass dieses Werk dazu beiträgt, die Kenntnisse über diese drei Arten von Lebewesen – die Honigbiene, die Hügel bauenden Waldameisen und die verschiedenen Blattläuse – zu erweitern.

Die an der Freien Universität eingereichte und noch nicht verteidigte Dissertation wird in dieser Publikation als Erstes dargestellt.

Kapitel 1: Dissertation an der Freien Universität Berlin

Wolfgang Voigt

Das gemeinsame Wirken von Honigbienen, Waldameisen und Blattläusen als Nutzer vielfältiger Blütenpflanzen

Gesamttitel der bereits veröffentlichten kumulativen Publikationen

Am Fachbereich Biologie, Chemie, Pharmazie der Freien Universität Berlin eingereichte Dissertation

2015

Einleitung

Auf der Grundlage der Promotionsordnung der Freien Universität Berlin, veröffentlicht im Amtsblatt Nr. 44/2014, vom 24. November 2014, § 11, verteidige ich die in einem Zeitraum von ca. 15 Jahren persönlich erarbeitete und in sechs Publikationen bereits veröffentlichte kumulativ erarbeitete Dissertation.

Ausgangspunkt für die naturwissenschaftlichen Intentionen bildete ein Pressebeitrag von Dr. Werner Mühlen im *Deutschen Bienen-Journal* 1/2000. Im abschließenden Teil seines Beitrages stellte er die Frage: Was geschieht mit den zigtausend Bienen, die jährlich in der Natur sterben? Ist es nicht selbstverständlich, dass irgendein Lebewesen sie als Nahrung nutzt? Eine zugegebenermaßen sehr grobe Rechnung ergab, dass allein die organisierten Imker in Deutschland jährlich etwa 10 000 bis 15 000 Tonnen Honigbienen als „Biomasse" in die Natur entlassen. 15 000 Tonnen Biomasse, ist das viel? Ist dieser Riesenberg zur Sicherung des Überlebens vieler Beutegreifer im Lebensraum der Pflanzengesellschaften von irgendeiner ökonomischen Bedeutung? Diese öffentlich gestellte Frage wollte ich damals anhand detaillierter Kenntnisse und noch zu realisierender persönlicher Untersuchungen beantworten.

Zur Vertretertagung des Landesverbandes Brandenburgischer Imker am 02.04.2000 in Luckau wurde von mir erstmalig über diese neuen Erkenntnisse berichtet. Die *Allgemeine Deutsche Imkerzeitung (ADIZ)* berichtete im Heft 6/2000 auf Seite VI: „Hochinteressant war schließlich der Vortrag von Herrn Voigt zu Wechselwirkungen von Bienen und Ameisen sowie weiteren Lebewesen im Wald. So sei die Honigbiene wegen der stärkeren forstlichen Nutzung vor etwa 250 Jahren aus den Wäldern verdrängt worden, und seit dieser Zeit sei auch der starke Rückgang der Ameisen zu verzeichnen. Diese wiederum seien jedoch lebensnotwendig für eine Vielzahl von Pflanzen- und Käferarten."

Als Prädatoren von Bienen, also auch von Honigbienen, sind zu nennen: Vögel, Wespen, Spinnen, Kleinsäuger, Schlangen, Eidechsen, Kröten, Frösche, Bakterien, Pilze und andere Arten. Diese Bienen fressenden Arten sind laut Ergebnis einer schriftlichen Befragung von aktiven Imkern des Imkervereins Königs Wusterhausen nach wie vor in unmittelbarer Nähe ihrer Bienenstandorte vorhanden. Jedoch fehlen sie an anderen Stellen in der Natur. Damit sind Bienenstände Überlebensstandorte für in ihrem Bestand bedrohte Arten geworden.

Meine Antwort auf die gestellte Frage lautete: Sterbende Bienen, also solche, die auf dem Erdboden gelandet sind und nicht in der Luft von Vögeln weggefangen wurden, werden hauptsächlich von Ameisen gefressen, deren Nahrung zu 33 % Insekten sind. Nach Wellenstein (1952) setzt sich der Speiseplan der Hügel bauenden Waldameisen zusammen aus:

62 % Honigtau,
33 % Insekten,
4,5 % ausfließenden Baum- und Pflanzensäften,
0,5 % Hutpilzen und Pflanzensamen.

Ein mittelgroßes Volk der Kahlrückigen Waldameise kann von April bis Oktober ca. 10 000 000 Insekten vertilgen.

In seinem Buch *Der summende Wald* beschreibt Heinz Ruppertshofen diesen Sachverhalt:

„Der Jagdbezirk der Ameisen umfasst nach allen Seiten vom Nest ausgehend einen Radius von 50 Metern, wobei die größten Erfolge im Umkreis von 20 Metern erzielt werden. Sie vermindern sich dann stetig bis an eine Wirkungsgrenze von 60 Metern, die jedoch ausgebuchtet und ausgedehnt sein kann durch gut zu belaufende Gestell- und Wegränder, Wildwechsel und Steinbrüche. Dies entspricht zugleich einem Lebensraum von etwa einem Hektar Größe.“ (Rupertshofen, 1972)

Meine erste Belegarbeit, die mit dem Titel „Die Honigbiene muss in den Wald zurück und flächendeckend leben“ zu Papier gebracht wurde, begründete, dass die stärkere forstliche Nutzung der Wälder, mit der Schaffung von

Reinbeständen (Monokulturen) und der damit verbundenen Verdrängung der Waldbienenhaltung in den letzten Jahrhunderten, eine Ursache für den Beginn des Artenrückganges ist, weil damit große Mengen an Biomasse in Form von sterbenden Bienen nicht mehr als Nahrung für Insekten fressende Arten in den Wäldern zur Verfügung standen.

Im Ergebnis umfangreichen Studiums aller verfügbaren Literatur entstand die Erkenntnis, dass den Ameisenarten und Pflanzensaugern die Zusammenhänge zwischen den verschiedenen Elementen in der Natur nicht im erwünschten Umfang zur Verfügung stehen, insbesondere bei Honigbienen, die von Menschen betreut werden. Dieser Sachverhalt führte im Folgenden dazu, Hunderte Wissenschaftler und Praktiker mit den gewonnenen Erkenntnissen vertraut zu machen und deren Richtigkeit zu hinterfragen. Auch das Absichern der Urheberrechte an diesen neuen Erkenntnissen stand in dieser Phase auf der Tagesordnung.

Im Folgenden werden meine bisherigen Publikation vorgestellt.
Die Honigbiene im Kreislauf des Waldes **(2002)**

Die bedeutsamste Gratulation zu den neuen Erkenntnissen übermittelte Prof. Dieter Otto aus Berlin. Er schrieb:

„Die Waldimkerei, die große Menge absterbender Honigbienen und das Gedeihen der Waldameisenbestände infolge verbesserten (Eiweiß-)Nahrungsangebotes in einen Zusammenhang zu bringen und dies auch unter historischem Aspekt zu sehen – dieser Zusammenhang wurde noch nie so erkannt und dargestellt.

Es wird ein natürlicher Kreislauf gegenseitiger Förderung (und Abhängigkeit) deutlich."

In dem Paket von Maßnahmen zur Förderung der Waldameisenbestände könnte die Aufstellung von Wander-Bienenständen in Kolonienähe ein weiterer wirkungsvoller Faktor werden.

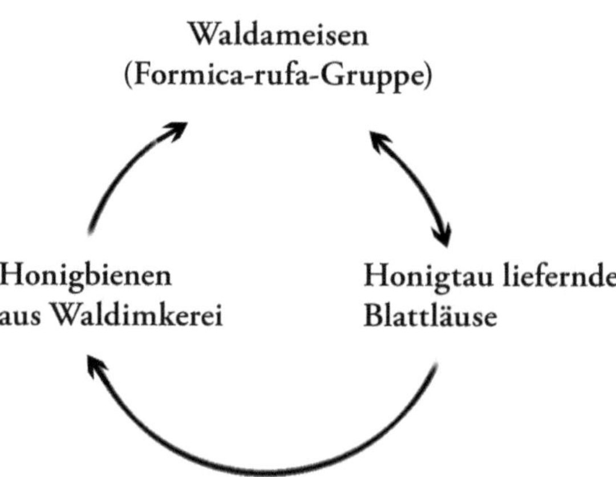

Grafische Darstellung: Kreislauf Ameisen, Bienen, Blattläuse

Aus dem bis hier Genannten wurde geschlussfolgert: Die Verdrängung von Honigbienen aus dem Wald ist eine der ersten Ursachen für den Rückgang der Hügel bauenden Waldameisen und der von ihnen abhängigen Tier- und Pflanzenarten in den zurückliegenden Jahrhunderten. Hierzu zitiere ich aus den Zuschriften von Experten:

„Wenn Natur- und Landschaftsschutzgebiete geschaffen werden, sollte eine ungehinderte Einwanderung von Bienenvölkern möglich sein. Es wäre unsinnig, Pflanzenarten per Gesetz erhalten zu wollen und durch dieselben Gesetze die für diese Pflanzen notwendigen Bestäuber fernzuhalten." (Drescher, 1977)

„Sollen bestimmte Pflanzen- und Tierarten geschützt werden, muss auch der zugehörige Biotopschutz gewährleistet sein. Die Anwesenheit von bestäubenden Insekten, darunter auch der Honigbiene, muss ein fester Bestandteil eines erfolgreichen Biotopschutzes sein." (Dustmann)

So wie bereits akzeptiert wird, dass höhlenbrütende Vögel im umgebauten/ veränderten Naturwald Nisthilfen benötigen, wird es unumgänglich zu akzeptieren, dass auch den Honigbienen die erforderlichen Wohnungen im vom Menschen veränderten Wald angeboten werden müssen.

Ruppertshofen, Autor des Buches Der summende Wald, äußerte sich begeistert mit den Worten: „Tun Sie ALLES!!!", in großen Buchstaben, mit Anführungsstrichen, drei Ausrufezeichen und rot hinterlegt, „Ihre Erkenntnisse zu verbreiten". Auf seine Einladung habe ich diese in Mölln darlegen dürfen und mehrere seiner Publikationen erhalten. Ein persönliches Schreiben von Rachel Carson, einer amerikanischen Umweltaktivistin, zur Aufnahme seines Vortrages in ihr Buch Der stumme Frühling befindet sich nunmehr im Original als Unikat in meiner Sammlung.

Die umfangreichen Reaktionen auf das Buch Die Honigbiene im Kreislauf des Waldes machte eine weitere Publikation erforderlich. Seit diesem Zeitpunkt wurden meine Arbeiten durch Prof. Dr. Dr. Burkhard Schricker (FUB) begleitet. Im Vorwort des Buches

Walderkrankung – Artenrückgang – Klimawandel – Bienensterben **(2004)**

schrieb er u. a.:

„Belegt mit vielen eigenen Beobachtungen und Experimenten begründet er [der Autor] seine persönlichen Einsichten. So erhöht er beispielsweise den ökologischen Wert der Honigbiene, indem sie sowohl als aktives (Bestäuber) als auch passives Glied innerhalb der Nahrungskette (Biomasse) beteiligt ist." (Schricker, 2004, S. 5)

Mit ausführlichen Zitaten von kompetenten Naturwissenschaftlern und Praktikern wird anschaulich belegt, dass die für die Beschreibung der Umwelt erforderlichen Erkenntnisse zwar vorliegen, jedoch mit dem gravierenden Schönheitsfehler behaftet sind, dass die Rolle der Honigbiene als gewichtige Nahrungskomponente für andere Lebewesen in freier Natur bisher überhaupt nicht erkannt wurde und aus diesem Grunde in der naturwissenschaftlichen Literatur zu ergänzen sowie in allen diesbezüglichen Entscheidungen nachträglich als völlig neuer Baustein zu berücksichtigen ist.

Die Rolle der Honigbiene im Kreislauf der Natur wird fundiert beschrieben und ihr außergewöhnlich hohes Potenzial als Insektennahrung für die sie umgebende Fauna – von jährlich durchschnittlich 15,6 kg sterbenden Bienen pro

Volk – besonders herausgearbeitet. Die wissenschaftlich recht gut erforschte Honigbiene, die der einzige Honiglieferant für den Menschen in der Natur ist und etwa 80 % aller Blütenpflanzenarten bestäubt, erweist sich aufgrund dieser neuen Erkenntnisse plötzlich und völlig unerwartet als bedeutsamste Nahrungsquelle für Insekten fressende Lebewesen. Kritisch wird deshalb auf absurde Behauptungen zur Nahrungskonkurrenz der Honigbiene gegenüber solitären Wildbienenarten eingegangen. Eine weitgehend durch die Medien sensibilisierte Öffentlichkeit, die mit den Schlagworten Waldsterben, Klimakatastrophe, Killerbienen, Umweltgift und anderen Reizworten überflutet wurde und auch weiterhin wird, wartet regelrecht auf neue Nachrichten und auf die Gelegenheit, sich sachlich oder auch hysterisch zu den jeweiligen Sachverhalten zu artikulieren.

Die Vermutung, dass mit dem flächendeckenden und lückenlosen Einsatz von Honigbienen auf dem gesamten Territorium des Landes der Artenrückgang von Flora und Fauna verlangsamt, für einen Teil der Insekten fressenden Lebewesen gestoppt und für einige Arten vielleicht noch in der Tendenz umgekehrt werden kann, sollte deshalb als Chance verstanden und rückhaltlos unterstützt werden.

Detaillierte historische Zusammenhänge, die in den Publikationen berücksichtigt wurden, werden in diesem Rahmen nicht besonders benannt. Hier soll lediglich der Zeitpunkt des Niedergangs der Zeidlerei hervorgehoben werden, um sichtbar zu machen, dass die Folgen der Umgestaltung der Wälder – also das Auftreten von Insektengradationen infolge der Schaffung von Reinbeständen – deutlich erkennbar nach dem Ende der Verdrängung der Waldbienenhaltung und dem Übergang von der Zeidlerei zur Imkerei eintraten.

Die Nützlichkeit der Honigbiene für den Erhalt der natürlichen Umwelt war im Zeitraum der Zeidelwirtschaft (um das Jahr 1000 bis um das Jahr 1750) noch nicht in dem heute allgemein geläufigen Umfang bekannt. Die meisten Entdeckungen bezüglich der Bienenhaltung standen noch bevor. Sie gelangen im Wesentlichen erst in den letzten 150 Jahren des zweiten Jahrtausends unserer gegenwärtigen Zeitrechnung.

Die Honigbiene, wichtigstes Lebewesen für die Bestäubung Nektar absondernder Blütenpflanzen, wurde nahezu aus ihrem gesamten angestammten Lebensraum, dem Wald und der freien Landschaft, verbannt. Ihr Aufenthaltsrecht wurde beschnitten, indem sie fortan nur noch in Ortschaften, Gärten etc. eingesperrt ihr Dasein fristen durfte. Nur selten gelingt es einem Schwarm, sich vorübergehend ein Plätzchen in der freien Natur zu erobern, um dann nach ein bis zwei Jahren zu schwärmen und aufgrund zu hoher Belastungen mit Varroen zusammenzubrechen. Der Wald wurde so weit umgebaut, bis im Wesentlichen keine Nektar spendenden Pflanzen mehr vorhanden waren. (Vor sechzig Jahren lernte ich als Forstlehrling bezüglich Waldbaus: Mischung nach Art und Stufigkeit.)

Jetzt, mit den neuen Erkenntnissen über die Rolle der Honigbienen als Nahrung für die sie umgebende Fauna, erweist sich der Waldumbau mit dem Schaffen von Reinbeständen (Monokulturen) als schwerwiegender Eingriff in die Natur. Erst jetzt, nachdem weitere Faktoren wie zum Beispiel die Klimaerwärmung nachgewiesen sind, wird gegengesteuert. Vordem hat man an Erscheinungen, nicht an den Ursachen angesetzt und zu Schutzmaßnahmen in einzelnen Richtungen aufgefordert. In jüngerer Zeit wurden zudem Maßnahmen zum Pflanzenschutz durch Einsatz chemischer Substanzen eingeleitet, deren immer stabiler werdende chemische Verbindungen nicht nur den Kleinlebewesen, sondern möglicherweise auch dem Menschen noch gefährlich werden können. Und dies gilt für die gesamte Nahrungskette.

Bereits hier kann die formulierte Erkenntnis eingeflochten werden, dass Nahrung das entscheidende Regulativ für den Erhalt der jeweiligen Art ist. Dazu sei angefügt, dass Honigbienen, Waldameisen und Blattläuse eine jährlich identische biologisch aktive Phase von April bis September haben und dass die Ernährung der Bienen und Ameisen in etwa übereinstimmt (Otto schrieb von gegenseitiger Förderung und Abhängigkeit von Bienen, Ameisen und Blattläusen). Bienen und Ameisen benötigen Zuckerarten (vom Blütennektar und von den zuckerhaltigen Ausscheidungen der Blattläuse) als Treibstoff für die adulten Tiere sowie Eiweißnahrung für ihre Brut. Bei der Bienenbrut besteht diese Eiweißnahrung aus Blütenpollen und bei den Ameisen aus erbeuteten Insekten, darunter auch Bienen. Damit können Völker der Honigbiene aufgrund ihres Eiweißpotenzials von jährlich durchschnittlich 15,6 kg sterbenden Bienen eine dauerhafte Komponente für die Ernährung von Ameisen darstellen, während bisher vor allem Insektengradationen von sogenannten Forstschädlingen eine progressive Entwicklung der Ameisenvölker bewirkten. Dies vor allem ermöglicht es, die Biene generell und dauerhaft als Nahrungsbestandteil der Ameisen und zugleich aller anderen Insektenfresser zu berücksichtigen.

Persönliche Beobachtungen von Otto während einer Gradation von Eichenwickler und Frostspanner von 1956 bis 1959 im Forstbereich Ballenstedt belegen einen großen natürlichen Reichtum an Ameisenvölkern. Die relativ reichhaltige Insektenfauna der Eichenbestände stellte genug Beutetiere, um den Nestbestand in guter Stärke zu halten. 1956 waren etwa 400 Ameisennester in einzelnen Gruppen unregelmäßig verteilt. Das unerschöpfliche Überangebot an Insektennahrung während der folgenden Gradationsjahre wirkte sich weiter fördernd auf das Wachstum der Völker und auf die natürliche Ablegerbildung aus, und zwar in so hohem Maße, wie es nie für möglich gehalten worden war. 1958 entstanden zahlreiche junge Ableger, die teilweise unmittelbar neben den Mutternestern lagen, sich aber auch weit in vordem ameisenfreie Flächen ausbreiteten. Die neuen Nester befanden sich sämtlich an Eichenstubben, die sie noch nicht völlig bedeckten. Bis zum September 1957 waren sie zu mittlerer Größe angewachsen und neun von ihnen hatten bereits insgesamt 16 Ableger gebildet. Alle Völker im gesamten Eichengebiet waren bis auf wenige Ausnahmen individuenreich. 1960 fand die Massenvermehrung von Eichenwickler und Frostspanner ein Ende, und seitdem war eine rückläufige Entwicklung der Ameisenvölker zu erkennen. 1962 war die Vitalität der Ameisenvölker in diesem Gebiet wieder auf den Stand von 1956 zurückgegangen *(Ameisenschutz aktuell)*.

Ein derart unerschöpfliches Überangebot an Insektennahrung zur Nutzung durch die Ameisenvölker während der Gradationsjahre kann außerhalb dieser Periode nur von Honigbienen realisiert oder zur Verfügung gestellt werden. Die von Gerd Habermann entwickelten Konzepte zur weiteren Umgestaltung der Wälder unter Berücksichtigung der Bedürfnisse der Waldameisenarten (dies ist die Schwachstelle) sollten deshalb mit den Erfordernissen der Bienenhaltung in den betreffenden Gebieten verbunden werden.

Die Eliminierung der Honigbiene als frei lebendes Insekt in der Natur, die Zuweisung ihres Platzes als Haustier durch den Reichstag im Jahre 1928, die strukturelle Trennung der Forschung zur Biene in den Forstwissenschaften und in der Landwirtschaft, die stärkere Orientierung des Nutzens der Biene weg vom Honig und Wachs und hin zur Blütenbestäubung (Sprengel) und damit auf den Agrarsektor – besonders auf Obstbau, Ölfrucht und Saatgutvermehrung und erst dann auf Naturtrachten und den Wald in Verbindung mit dem Streben nach höheren Honigerträgen – haben bisher den Blick auf die Rolle der Honigbienen und Hügel bauenden Waldameisen für die Ernährung von Insektenfressern versperrt und wirksam blockiert. Erst die Umsetzung dieser Erkenntnisse gestattet es, der Schwachstelle Waldameise mit den Honigbienen jene Proteine bereitzustellen, die bisher seit der Verdrängung der Bienen aus den Wäldern für ihre optimale Entwicklung gefehlt hatten. Es ist allerdings zu berücksichtigen, dass Honigbienen mit ihrem großen Potenzial auch Nahrung für viele andere Arten darstellen, bevor Waldameisen zum Zuge kommen können. Erst mit der Bereitstellung eines Überangebotes an der Insektennahrung Honigbiene kann allen Bienen fressenden Lebewesen wirksam geholfen werden.

Der gegenwärtig zu beobachtende dramatische Rückgang der Anzahl der Bienenvölker und auch die Debatten um das rätselhafte Bienensterben in Deutschland und weltweit sind ein sicheres Indiz dafür, dass die Entdeckung dieser Zusammenhänge im letzten Moment (oder schon zu spät?) erfolgte, in dem noch ein Gegensteuern möglich erscheint. Ein Versagen der Politik und der mit der natürlichen Umwelt befassten Land- und Forstwirte, der Wissenschaft und der Kommunen sowie der mit den Elementen der Natur wirkenden gesellschaftlichen Kräfte und Interessenverbände darf nicht zugelassen werden.

Waldameisen und Honigbienen sind mit ihren großen Volksstärken die entscheidenden Gesundheitsfaktoren sowohl des Waldes, aber auch der gesamten natürlichen Umwelt. Sie sind in ihrem gemeinsamen Wirken entscheidend für die Artenvielfalt von Flora und Fauna, indem sie sich unter zeitweiser gemeinsamer Nutzung der Honigtauerzeuger, der Blattläuse, auf perfekte Weise gegenseitig fördern und ergänzen. Mit dem Einsatz von Honigbienen im Wald werden die progressive Entwicklung der Waldameisen unterstützt und Pflanzensauger durch Ameisen intensiver gepflegt. Dadurch wird zugleich mehr Honigtau produziert und die Nahrungssituation von Insekten fressenden Vögeln, Wespen, Spinnen etc. verbessert. Durch Samenverbreitung wird außerdem die Äsung für das Wild begünstigt, was auch der biologischen Vielfalt dient, und der Einsatz von Pflanzenschutzmitteln kann zurückgedrängt werden. Das Nahrungsangebot für Greifvögel kann sich erhöhen. Der Einsatz von Honigbienen in Naturschutzgebieten und im Wald erlangt überragende Bedeutung. Der Prädatorendruck auf solitäre Bienenarten, die ebenfalls erhalten werden müssen, kann mit einem Überangebot an Honigbienen als Nahrung für Insektenfresser gemindert werden.

Um schriftlich geäußerter Kritik gerecht zu werden, wurden Versuche vorgenommen, um die Menge und Geschwindigkeit der Abnahme toter Bienen zu dokumentieren. Ebenso wurden die im Umfeld vorhandenen Ameisenvölker in die Beobachtungen einbezogen und die Entwicklung eines in der Nähe meines Kleingartens umgesetzten Ameisenvolkes in größeren Zeitabständen verfolgt.

Sowohl Blütenpollen als auch Perga dienen der Ernährung der Bienenbrut. Doch die Natur hat es so eingerichtet, dass Windbestäuber mit Unmengen von Blütenpollen in der Luft ebenfalls ihren Adressaten finden und zur Befruchtung an ihr Ziel gelangen. In dem Buch

Pollenallergien und der ökologische Nutzen von Honigbienen **(2005)**

wird auf Windbestäuber hingewiesen, die Allergikern gesundheitliche Probleme bereiten. Kurz zusammengefasst zeigt sich, dass im Frühjahr Hasel, Erle und Birke und im Sommer Roggen, Gräser und Beifuß die häufigsten Ursachen für allergische Reaktionen darstellen. Diese gesundheitlichen Einschränkungen aus dem Bereich der Humanmedizin haben in den zurückliegenden Jahrzehnten deutlich zugenommen. Litten vor 50 Jahren lediglich 5 % der Europäer unter Heuschnupfen, sind es heute 15 bis 25 %. Ein Viertel von ihnen ist an Asthma erkrankt, dem fast immer Heuschnupfen oder Nahrungsmittelallergien vorausgingen. Auch wenn allergische Erkrankungen keine besonders häufige Todesursache darstellen, so bedeuten sie doch eine erhebliche Einschränkung der Lebensqualität von Betroffenen und verursachen darüber hinaus enorme volkswirtschaftliche Kosten.

Diese Belastungen kann man zwar nicht einfach abschaffen, es gibt aber durchaus Möglichkeiten, den Pollenflug zu mindern, indem Baum- und Straucharten gemischt angepflanzt werden. Durch das Anlegen von Baum- und Strauchreihen im Sinne von Windschutzstreifen, quer zur Hauptwindrichtung aus West in Nord-Süd-Richtung angelegt, können erhebliche Mengen an Pollen der Windbestäuber aus der Luft herausgefiltert werden. Die Stiftung Naturschutz Berlin informierte in diesem Zusammenhang treffend und zugleich anschaulich über den Nutzen eines einzelnen Baumes (Voigt, Pollenallergien, 2005, S. 66). Dieser Baum wurde als farbiges Großposter der Freien Universität Berlin zur Verfügung gestellt.

Neben der Nutzung von Blütenpollen und Perga durch die Bienenbrut und der Belastung von Allergikern durch Pollen der Windbestäuber gibt es einen dritten Fakt. Bei allen Honigen dient der Pollen im Honig zur Bestimmung seiner Sorte und Herkunft. Die in meinen Publikationen enthaltenen Erkenntnisse werden seit dem Jahr 2014 in Form von Kurzbeiträgen im Umfang von jeweils eineinhalb bis zwei Schreibmaschinenseiten durch die Zeitschrift *München Querbeet* in vierzehntägigem Abstand gedruckt. Darunter sind auch aktuelle Erkenntnisse. Zum Beispiel hat der Europäische Gerichtshof kürzlich in Kommentaren über Honig geurteilt. Hierbei wurde dem Imker unterstellt, sein Handeln sei die Ursache dafür, dass genetisch veränderter Pollen in den Honig gelange, weil er den materiellen Vorgang des Zentrifugierens, den er zu Erntezwecken durchführt, aus Eigeninteresse realisiere. Diese Darstellung wurde von mir konsequent zurückgewiesen und gefordert, dass der Imker von den dokumentierten Verdächtigungen bezüglich seiner angeblich fehlerhaften

Handlungsweise ein für alle Mal freigesprochen wird. Eine Verunreinigung des Honigs mit genetisch veränderten Pollen erfolgt ausschließlich dann, wenn genetisch veränderte Pflanzen im Flugkreis seiner Bienen von diesen angeflogen werden. Die Ursache für den Eintrag von genetisch veränderten Pollen ist demnach der Anbau derartiger Pflanzen durch den Anwender genetisch veränderten Saatgutes. Der Imker und seine Bienen können den Verbrauchern objektiv betrachtet nicht als „Blitzableiter" präsentiert werden.

Da grundlegende Veränderungen der Vegetation verhältnismäßig rasch realisierbar sind – zum Beispiel in der Landwirtschaft, wo jährlich Kulturen gewechselt werden können –, sind veröffentlichte Untersuchungen über den aktuellen Trend ernst zu nehmen.

Die Vielfalt in der Pflanzen- und Tierwelt ist eine wichtige Voraussetzung zur Erhaltung eines funktionsfähigen Naturhaushaltes. Das gilt auch für die Bestäubung und den damit verbundenen Frucht- und Samenansatz sowohl der Wild- als auch der Kulturpflanzen. Hierfür ist eine ausreichende Vielfalt und Dichte von Blütenbestäubern nötig. Dazu tragen Artenvielfalt und Individuenzahlen der wild lebenden Bienenarten ebenso bei wie die gleichmäßige Verteilung imkerlich genutzter Honigbienenvölker. Ohne Blütenbestäubung ist das Überleben vieler Tier- und Insektenarten gefährdet. Die Trachtsituation für die Insekten hat sich verändert. Massentrachten im Frühjahr, wenige Trachtquellen im Sommer und Spätsommer, Flurbereinigung, Zerstörung naturnaher Habitate und Insektizideinsatz wurden Begleiterscheinungen der Intensivierung der Landwirtschaft. All diese Faktoren führen dazu, dass die Zahl der bestäubenden Insekten rückläufig ist.

In dieser Publikation erfolgten Aussagen zum Umfang und dem finanziellen Wert der Leistungen pro Bienenvolk, zur Eiablagerate der Weisel (ebd., S. 109), zum ökologischen und ökonomischen Wert der Blütenbestäubung und der Biomasse. Die durchschnittliche jährliche Leistung der Honigbiene pro Volk wurde ermittelt (ebd., S. 112). Besonders drastisch erscheint eine Fotodokumentation, die belegt, dass Drohnenwaben, die im Wald in einer Tiefe von nur 200 Metern als Vogelfutter angeboten wurden, von den Vögeln gar nicht gefunden wurden, weil selbst die Vögel den Wald als biologisch tot kennen und deshalb dort kein Futter suchen. Das bedeutet, dass nur der Waldrand und die offene Landschaft Lebensraum der Singvögel darstellen.

Die folgende Publikation mit dem Titel

***Die Honigbiene – Schlüssellebewesen zum Erhalt biologischer Vielfalt* (2008)**

bekräftigt die in den vordem veröffentlichten Publikationen getroffenen Aussagen und erweitert diese mit neuen Erkenntnissen. Für Diabetiker wurden entsprechende Empfehlungen aufgenommen und die Fragestellung aufgeworfen: Genetisch veränderte Pflanzen – Fortschritt oder Ende der Natur? Mit dieser Aussage wird einer breiten Öffentlichkeit Genüge getan, die die Nutzung genetisch veränderter Organismen sowohl in der Ernährung der Menschen als auch als Tierfutter ablehnt. Zunehmend wird erkennbar, dass die ökologische Bedeutung der Honigbiene eine breitere öffentliche Wahrnehmung erfährt. Vor allem ihre aktive Rolle als Blütenbestäuber, aber auch die passive Seite ihres Wirkens – ihr Nutzen als Nahrung für Insekten fressende Lebewesen – findet zunehmend Beachtung. Der Rückgang der Blütenbestäuber wird kritischer bewertet. Sowohl das Anbauverbot von genetisch veränderten Organismen in der Schweiz aus dem Jahre 2006 als auch juristische Angriffe gegen Percy Schmeiser, einen kanadischen Saatgutzüchter, der sich gegen Weltherrschaftsbestrebungen von Monsanto zu erwehren hatte, wurden berücksichtigt.

Das Problem genetischer Veränderungen im Lebensumfeld der Menschen mit seinen vielfältigen Auswirkungen führte auch zu der Frage nach dem Zeitraum und den Ursachen der Entstehung verschiedener Blutgruppen sowie nach der Tendenz ihrer Entwicklung. Zum Zeitpunkt der Entdeckung der Blutgruppen am Anfang des zwanzigsten Jahrhunderts verfügte der Mensch über die Blutgruppen A, B, AB und 0. Die Erkenntnis, dass Honigbienen genetisch veränderten Mais als Pollenspender nutzen, obwohl dieser Windbestäuber ist, führte zu der Fragestellung: Hat sich der Mensch bereits so weit verändert – und wenn ja, warum –, dass er in dessen Folge als einziges Lebewesen der vielfältigen Fauna neue Blutgruppen ausgebildet hat? Was ermittelt werden konnte, erweist sich als hochinteressant. Bezüglich der Blutgruppen besteht die Möglichkeit, dass das ehemals existierende Blut aller Menschen etwa dem entspricht, was heute als Blutgruppe 0 Rhesus negativ definiert ist. Dieses Blut wird bei notwendigen Transfusionen von jedem menschlichen Organismus als eigenes Blut akzeptiert. Der menschliche Organismus „erinnert" sich möglicherweise daran, über welches Blut er ursprünglich verfügte. Damit könnte die Frage nach der Entstehung der Blutgruppen A, B und AB, aber nicht der Blutgruppe 0 neu gestellt werden.

Von Einstein soll die Formulierung stammen: „Stirbt die Biene, stirbt der Mensch." Dies ist überhaupt nicht belegt und ermöglicht Vermutungen darüber anzustellen, wer ein Interesse daran haben könnte, so etwas in die Welt zu setzen. Möglicherweise sind das Leute, die darauf warten, in die Welt hinauszuposaunen: Wir haben die Lösung. Um dann mit Gentechnik aufzuwarten. Was belegt ist, ist ein Beitrag Einsteins unter dem Titel „Warum Sozialismus?" (*Deutsches Bienen-Journal* 9/2007). – Einstein, 1949

Prof. Schricker hat für das folgende Buch mit dem Titel

Blütenpflanzen und Honigbienen – Indikatoren des Klimawandels **(2011)**

im Vorwort u. a. vermerkt: „Die folgenden Kapitel bieten eine sonst nirgendwo zu findende Vielfalt an bienenkundlichen sowie ökologischen und ökonomischen Fakten und Daten, darüber hinaus das Sachverständnis fördernde Einsichten und Anregungen." (Schricker, 2011, S. 5)

Auch für diese Würdigung meiner Erkenntnisse bedanke ich mich.

Im Buch wird zunächst Rachel Carson erwähnt. Ein Brief von ihr an Heinz Ruppertshofen vom 19. Februar 1962 befindet sich im Original als Unikat in meinem Besitz. Ruppertshofen bedankte sich mit diesem Geschenk für meine langjährigen Veröffentlichungen.

Die ökonomische Einordnung der Honigbiene an dritter Stelle nach Rind und Schwein erfordert es, eine adäquate finanzielle Förderung zu realisieren, und dies nicht nur für Neuimker als Starthilfe, sondern für alle Bienenhalter. Dazu gehören grundlegende politische Entscheidungen zu Sofortmaßnahmen des Artenschutzes für die in ihrem Bestand bedrohten Arten. Bezüglich der Honigbiene muss dabei die Blütenbestäubung und die Nutzung ihrer Biomasse als Nahrung für Insekten fressende Lebewesen beachtet werden. Dazu ist es unumgänglich, Bienenhaltung zukünftig generell zu finanzieren.

Es wurde der Vorschlag unterbreitet und begründet, große Agrarschläge in kleinere umzustrukturieren, indem – ähnlich den Windschutzstreifen – ökologische Riegel, bestehend aus Baum- und Straucharten, geschaffen werden. Diese sollten mit einem Zwischenraum von etwa hundert Metern und einer Breite von fünf Metern rasch geschaffen werden, um Aufgaben des Schutzes von landwirtschaftlichen Kulturen vor Insektenfraß zunehmend den Waldameisenarten zu übertragen und die obligatorische Anwendung von Umweltgiften in Form von Insektiziden zurückzudrängen. Als abschreckendes Beispiel dient das Titelfoto des Buches *Umbrüche auf märkischem Sand*. Auf diesem Bild ist eine riesige Agrarfläche dargestellt, die mittels gigantischer Technik bearbeitet wird.

Detailliert wird im Weiteren vorgerechnet, dass beim Erweitern der Imkerei in Deutschland die erforderliche Ausrüstung durch Handwerksbetriebe produziert werden kann. Alleine für die 125 000 Quadratkilometer an Flächen, auf denen aktuell keine Bienen gehalten werden, besteht ein Bedarf von mindestens 500 000 Bienenvölkern, der von 50 000 Freizeitimkern mit einer Standgröße von 10 Völkern zu realisieren wäre. Die dabei entstehenden Kosten, von der Grundausstattung bis zu den Bienenvölkern, wurden vorgerechnet und es wurde erwähnt, dass bei einer theoretischen Substitution der Honigimporte durch eigene Honigproduktion 7,8 Milliarden Euro investiert werden könnten.

Im Ergebnis jahrelanger Debatten wurden über einen Zeitraum von 35 Jahren Untersuchungen zum Klimawandel vorgenommen. Analysiert wurden hierbei Trachtpflanzen, die hauptsächlich von Imkern mit ihren Bienen genutzt wurden. Dies sind in der Reihenfolge: Weide, Ahorn, Apfel, Kastanie,

Raps, Robinie, Linde und Rotklee. Durchschnittsangaben aus dem *Lexikon der Bienenkunde* wurden mit der Realität verglichen und erhebliche Abweichungen vom langjährigen Mittel festgestellt. Dieser Vergleich erfolgte am Beispiel der Apfelblüte für das Gebietsmittel von Deutschland durch den Deutschen Wetterdienst (2006) und deckt sich mit den Aufzeichnungen von Königs Wusterhausen. Der lineare Trend hat sich in den Jahren von 1960 bis 2005 von durchschnittlich 130 Tagen nach Jahresbeginn auf 120 Tage verfrüht. Alle phänologischen Beobachtungen des Blühverhaltens der genannten Trachtpflanzen wurden tabellarisch und in Diagrammen dargestellt und diskutiert.

Abschließend wurde in dieser Publikation begründet, warum neben Alleen und Windschutzstreifen ökologische Riegel zur Förderung der Hügel bauenden Waldameisen auf allen großen Agrarflächen, aber auch in Schutzgebieten geschaffen werden sollten. In diesem Zusammenhang wurde erneut begründet, dass ein dauerhafter flächendeckender Besatz des gesamten Territoriums mit Honigbienen ein entscheidender Weg sein kann, um ihr Nahrungspotenzial, vor allem als Biomasse, während der Vegetationsperiode dauerhaft zu nutzen. Insbesondere ihre aktive Rolle der Blütenbestäubung und ihre passive Rolle als Eiweißnahrung machen sie zum idealen Nahrungsspender für Ameisen und andere Insekten fressende Lebewesen. Die Ameisen wiederum leisten durch ihre Ernährungsweise einen wesentlichen Beitrag zur Erhaltung eines stabilen Gleichgewichtes zwischen den Arten. Die Pflanzensauger, als dritte Art im Bunde, dienen beiden genannten Arten als Energiespender, vor allem durch zuckerhaltige Ausscheidungen, die sie nicht verdauen können.

Nahrung ist das entscheidende Regulativ für den Erhalt der jeweiligen Art.

Nahezu fehlende Reaktionen der politisch Verantwortlichen auf meine seit Jahren vorliegenden Publikationen führten folgerichtig dazu, mit einer weiteren Publikation aufzuwarten. Ihr Titel:

Kommt der graue Frühling?

Dieser Titel stammt von Rachel Carson, und die Robinienblüte und das davor dargestellte Flugloch eines aktiven Bienenvolkes mit Trauerflor auf dem Titelblatt lassen das Ergebnis meiner Bemühungen in einem Zeitraum von 15 Jahren erkennen.

Namhafte Wissenschaftler, wie

- Prof. Dieter Otto
- Prof. Burkhard Schricker
- Prof. Günter Pritsch
- Prof. Alfred Buschinger
- Heinz Ruppertshofen
- Prof. Jost H. Dustmann
- Prof. Schremmer
- Prof. Drescher
- Gerd Habermann
- Priv.-Doz. Ernst-Gerhard Burmeister
- Prof. Reisinger

aber auch andere Publizisten, wie zum Beispiel eine Vielzahl von Journalisten und Praktikern, ließen in ihren Äußerungen und Pressebeiträgen zu den von mir gefertigten Publikationen und allgemein zu den Fragen des Umweltschutzes, den Gefährdungen und dem Bestreben zum Erhalt biologischer Vielfalt durch Honigbienen, Waldameisen und Blattläuse erkennen, dass sie meinen Intuitionen aufmerksam folgten und wichtige Hinweise zur weiteren Arbeit gaben. Dies traf auch auf Hunderte Kunden zu, die sich oft zu ausführlichen Gesprächen Zeit nahmen. Auf nahezu zehn Seiten des Buches wurden alle diese Personen und ihre Auffassungen, die überwiegend aus Pressebeiträgen stammen oder historisch verbürgt sind, namentlich aufgelistet.

Relativ ausführlich wurde über das Buch *Der stumme Frühling* von Rachel Carson geschrieben, der Mutter der Umweltbewegung, wie es Al Gore, ehemaliger US-Vizepräsident, einmal sagte. Im Mittelpunkt ihrer Kritik stand die

Anwendung von Pflanzenschutzmitteln – Chemikalien zur Unkrautvernichtung und Insektenbekämpfung, deren Gefährdungspotenzial sich bis in die Nahrungskette entwickelte. Rachel Carson entlarvt das Vergiften der Umwelt als Praktik gewinnsüchtiger Unternehmen. Mit unzähligen Beispielen wird nun darauf verwiesen, dass ihr früher Tod dazu betrug, ihre Warnungen in den Wind zu schlagen und zu missachten. Zu den Gefährdungen der natürlichen Umwelt kamen in jüngerer Zeit weitere Gefährdungen hinzu, wie das gentechnische Manipulieren von Pflanzen, das sich als neue aktuelle Bedrohung für Flora und Fauna erweist.

Hat nun die Vergiftung der Umwelt mittels Pflanzenschutzmitteln und die existenzielle Bedrohung von Pflanzen und Tieren durch die Anwendung dieser Mittel abgenommen? Die Besitzer und Nutzer der Agrar- und Forstflächen sind jene, die etwas bewirken können. Tun sie dies im möglichen Umfang? In den hier zu verteidigenden Publikationen werden Lösungswege aufgezeigt, wie selbst große Agrarschläge durch Zergliedern in hundert Metern breite Streifen – die auch kilometerlang sein können –, bestehend aus Baum- und Straucharten nebst niederen Pflanzen – hier als ökologische Riegel definiert –, realisierbar sind. Dieser Lösungsweg ist ein Schritt auf dem Weg zum Verzicht auf die Anwendung von Pflanzenschutzmitteln und zur Ausgestaltung des Lebensraumes der in den Publikationen genannten Schlüssellebewesen – zum Erhalt biologischer Vielfalt mit einer Vielzahl von Blühpflanzenarten. Man muss es halt wollen.

Liste der kumulativen eigenen Publikationen

- *Die Honigbiene im Kreislauf des Waldes. Wie die Imkerei zur Gesunderhaltung der Wälder beitragen kann.* Berlin: Frieling-Verlag, 2002.
- *Walderkrankung – Artenrückgang – Klimawandel – Bienensterben. Eine ökologisch orientierte Empfehlung zum Handeln.* Berlin: Frieling-Verlag, 2004.
- *Pollenallergien und der ökologische Nutzen von Honigbienen. Über den Zusammenklang von Natur und Gesellschaft.* Berlin: Frieling-Verlag, 2005.

- *Die Honigbiene – Schlüssellebewesen für den Erhalt biologischer Vielfalt. Über Einstein, Gentechnik und Mutationen.* Berlin, Frieling-Verlag, 2008.
- *Blütenpflanzen und Honigbienen – Indikatoren des Klimawandels. Ökologische Lösungen sind gefordert.* Berlin, Frieling-Verlag, 2011.
- *Kommt der graue Frühling? Dem Bienensterben entgegenwirken – Jeder kann etwas tun!* Berlin, Frieling-Verlag, 2013.

Eigene Teilbeiträge zur Rolle der Honigbienen wurden publiziert in:

- Soldat, Bienenflüsterer, Enteigneter. Neue Erkenntnisse über das passive Wirken von Honigbienen. S. 139–146. Berlin, Frieling-Verlag, 2010.
- Umbrüche auf märkischem Sand. Brandenburgs Landwirtschaft im Wandel der Zeit. Entwicklungen, Risiken, Perspektiven. S. 127–135. ISBN 978-3-86581-263-6. Titel: Die Bedeutung der Honigbiene für den Erhalt biologischer Vielfalt (2010). oekom Verlag, Bündnis 90/Die Grünen im Brandenburger Landtag (Hrsg.).

Referenzen und Rezensionen sowie verwendete Literatur:

Die Honigbiene im Kreislauf des Waldes. Wie die Imkerei zur Gesunderhaltung der Wälder beitragen kann:

- Urania Tierreich in 6 Bänden, 5. überarbeitete Auflage, 1989.
- Wilson, Edward O.: Darwins Würfel. Econ Ullstein List Verlag, München, 1996.
- Kunze, Stefan; Ruppertshofen, Heinz: Praxis Waldschutz. Strategien gegen das Waldsterben. Landbuch, Hannover, 1995.

Walderkrankung – Artenrückgang – Klimawandel – Bienensterben. Eine ökologisch orientierte Empfehlung zum Handeln:

- Kurt Redenz: Heimatspiegel 7/2002.
- Droege, Gisela: Deutsches Bienen-Journal 8/2002.
- Wolff, Peter: Allgemeine Imkerzeitung 2/2003.
- Presse-Echo: Die Waldbauern in Nordrhein-Westfalen, Heft 2/2003.

- Reiter, Helmut: Bienenvater. Fachblatt des Österreichischen Imkerbundes Nr. 5/2003.
- Presse-Echo: aktuelle Informationen des bayerischen Waldbesitzerverbandes Nr. 3, August 2003.
- Rapp: Forstliche Mitteilungen 8–9/2003.
- Buchtipp: Waldameisen und Honigbienen. Freies Wort Suhl, 27.09.2003.

Pollenallergien und der ökologische Nutzen von Honigbienen. Über den Zusammenklang von Natur und Gesellschaft:

- Baumann, Helmut; Müller, Theo: Farbatlas geschützte und gefährdete Pflanzen. Ulmer, 2001.
- Gerlach, Alfred: Die Bedeutung der Honigbiene für die Befruchtung von Kulturpflanzen. Deutscher Imkerbund, 05.02.1994.
- Hölldobler, Bert; Wilson, Edward O.: Ameisen. Die Entdeckung einer faszinierenden Welt. Birkhäuser Verlag 1995.
- Huntington, Lucy: Das Gartenbuch für Allergiker. vgs: Köln, 1999.
- Zander, Enoch: Das Leben der Biene, 6. Auflage von K. Weiß. Ulmer, Stuttgart, 1964.
- Zimmermann, Frank: Neue Rote Listen in Brandenburg – Notwendigkeit – Stellenwert – Kriterien. Naturschutz und Landschaftspflege in Brandenburg, Heft 2, 1997.
- Voigt, Wolfgang: Vorzeitiges Trachtende. Zu: Völkerverluste. Deutsches Bienen-Journal 11/2003.
- Voigt, Wolfgang: Pollenallergien, Honigbienen und Ameisen. Heimatspiegel 12/2004.
- Voigt, Wolfgang: Der ökonomisch-ökologische Wert der Honigbienen. Heimatspiegel 12/2004.
- Voigt, Wolfgang: Ökonomischer/ökologischer Wert der Bienen ermittelt. Deutsches Bienen-Journal 1/2005.
- Deutscher Naturschutzring: Rundbrief vom 07.08.2004: „Walderkrankung – Artenrückgang … Lesenswert …“
- Die neue Bienenzucht. Norddeutsche Imkerzeitung 10/2004: „… Indem er den Ameisen und Bienen eine ökologisch determinierte Rolle für die

sie umgebende Fauna und Flora zuweist, erhält das gesamte Ökosystem neue Chancen."

- Forstliche Mitteilungen 08–09/2004: „Keine Angst vor dem anspruchsvollen Titel. Hier stellt ein engagierter Naturschützer seine These vor, dass durch das Fehlen der Bienen im Wald Nahrungsmangel bei den Insektenfressern besteht. ... Anregende Gedanken für die Leute vor Ort, die sich mit der Materie eingehender beschäftigen."
- Hessenbauer. Landwirtschaftliches Wochenblatt des hessischen Bauernverbandes, 9. Juli 2004: „Fehlen der Bienen: ... Der Autor weist in diesem lesenswerten Taschenbuch Ameisen und Bienen ökologisch bedeutende Rollen zu."
- Land & Forst. Das Wochenblatt für Landwirtschaft, Familie und Landleben, 8. Juli 2004: „Voigt vertritt die These, Honigbienen seien, neben ihrer Rolle als Honiglieferanten und Blütenbestäuber, mit jährlich durchschnittlich 15 kg sterbenden Bienen pro Volk zugleich üppigste Nahrungsquelle für Insekten fressende Lebewesen ..."
- Märkische Allgemeine, Zeitung für das Land Brandenburg, 16. Juni 2004: „Zu wenige Bienen. Wolfgang Voigt schrieb ein Buch mit bestechenden Argumenten ... Die Bienen sorgen ja nicht nur dafür, dass Blüten bestäubt werden und damit viele Pflanzenarten erhalten bleiben. Sie dienen, wenn sie absterben, auch als Futtermittel ... Eine üppige Nahrungsquelle. Doch sie versiegt immer mehr."
- Ing. V. Veselý, CsC. Editor in Chief, Bee Research Institute in Dol. Bulletin of the Press Exchange and Documentation Centre of APIMONDIA: Selection of news from and for practice, No. II/2004-11-16, Voigt, W.: Walderkrankung – Artenrückgang – Klimawandel – Bienensterben (Illness of Forests – drop of species – climate change – mortality of bees).
- Sitzfigur Amenemhet der II., Hieroglyphe Biene und Schilfrohr, Staatliche Museen zu Berlin, Preußischer Kulturbesitz, Ägyptisches Museum und Papyrussammlung.
- Geflügelte Bienengöttinnen: Staatliche Museen zu Berlin, Preußischer Kulturbesitz, Antiken-Sammlung.

Die Honigbiene – Schlüssellebewesen zum Erhalt biologischer Vielfalt. Über Einstein, Gentechnik und Mutationen:

- Allgemeine Deutsche Imkerzeitung (ADIZ) 2/2004, 6/2004, 4/2006.
- Alpenländische Bienenzeitung, Südtiroler Imkerbote Nr. 12/2006, Imkerliteratur –Leserinformation. Eine Naturschutztrilogie, in deren Mittelpunkt der ökologische Nutzen der Honigbiene steht.
- D'Adamo, Peter: Vier Blutgruppen – vier Strategien für ein gesundes Leben. 14. Auflage 2005.
- Degeller, Lore: Blutgruppenzusammenhänge. In: Der Merkurstab (Dornach) Jg. 53. 2000, H.3, Signatur der Deutschen Nationalbibliothek in Leipzig: ZA 73629.
- Deutsche Forschungsgemeinschaft: persönliches Schreiben vom 21.02.2007.
- Deutsches Bienen-Journal (dbj) 3/2004, 7/2004, 10/2005, 8/2006, 9/2006, 11/2006, 9/2007.
- D.I.B. AKTUELL, 4/2007.
- Einstein, Albert: Monthly Review. 1949. (www.monthlyreview.org/598einst.htm)
- Calaprice, Alice (Hg.): Einstein sagt. Zitate, Einfälle, Gedanken. ISBN 3-492-22805-4).
- Ernährungsempfehlungen für Diabetiker 2007.
- Frank, Renate, Dipl.-Ökotrophologin: Die Bedeutung des Honigs in der heutigen Ernährung.
- Ganten, Prof. Dr. Detlev, Vorstandsvorsitzender der Charité, Senatsverwaltung für Bildung, Wissenschaft und Forschung: persönliches Schreiben vom 17.04.2007 über die historische Entstehung von Blutgruppen.
- Jugendsender Radio Fritz vom Rundfunk Berlin-Brandenburg (RBB), Vorstellung der Entdeckung mit dem Thema: Die Honigbiene und ihre Bedeutung für Landschaft, Umwelt und Gesellschaft am 23.10.2005.
- Kraatz, Dr. med. Katrin: persönliches Schreiben vom 25.01.2007 zur historischen Entwicklung von Diabetes.
- Kühling, Klaus: Vergleich verschiedener Waldareale auf die Nutzungsmöglichkeit durch die Honigbiene (apis mellifera L.), Diplomarbeit

an der Thüringer Fachhochschule für Forstwirtschaft in Schwarzburg 01.03.2001. (Vergabe als Reaktion auf meine Publikationen.)

- Landesamt für Verbraucherschutz und Landwirtschaft, Land Brandenburg: Tierzuchtreport 2003. Bienenzucht und -haltung. S. 132–137.
- Landtag Brandenburg, 3. Wahlperiode, Ausschuss für Landwirtschaft, Umweltschutz und Raumordnung: Ausschussprotokoll 3/506 vom 30.01.2002. S. 40–42.
- Landtag Brandenburg, 3. Wahlperiode, Ausschuss für Landwirtschaft, Umweltschutz und Raumordnung: Anlage zum Protokoll AP3/506 Nr. 18. Anschreiben an den Ausschussvorsitzenden Herrn Dombrowski vom 21.01.2002 nebst Anlage: Probleme der Bienenweide im Bundesland Brandenburg. (5 Seiten)
- Landtag Brandenburg: Gesetzentwurf der Landesregierung, Begründung, A: Allgemeine Begründung … III. Situation des Naturschutzes in Brandenburg.
- Vergleich BrbNatSchG geltende Fassung gemäß Artikel 1 des Zweiten Änderungsgesetzes vom 25. Juni 1992 – Zweites Gesetz zur Änderung des Brandenburgischen Naturschutzgesetzes.
- Märkische Allgemeine Zeitung, 04.04.2006: Ganze Völker verschwunden. Kälte hatte Folgen für die Imkerei. Mit Wolfgang Voigt vom Imkerverein Königs Wusterhausen sprach MAZ-Redakteurin Liane Stephan.
- Märkische Allgemeine Zeitung, 26.06.2006, 28.06.2006, 27.10.2006.
- Neues Deutschland, 29.06.2006, 30.06.2006, 03.07.2006, 26.07.2006, 28./29.10.2006, 11./12.11.2006, 06./07.01.2007, 04.10.2007.
- Seidel, Wiebke: Fleisch für die Blutgruppe 0. In: Münchener medizinische Wochenschrift (München), Jg. 140, 1998, H. 9. Signatur der Deutschen Nationalbibliothek in Leipzig: ZC 473.
- Seltsam, Dr. Axel: The nature of diversity and diversification at the ABO locus. 26.06.2003.
- Seymour, Robert und Mitarbeiter: Evolution of the human ABO polymorphism by two complementary selective pressures, 15.04.2004.
- Süddeutsche Zeitung, 20.04.2004.
- Thäter, Dr. Wolfgang: Das Zeidlerwesen. ISBN 3-431-03270-2. Ehrenwirth, 1993.

- Voigt, Wolfgang: Bewerbung um die vakante Funktion als Präsident des Deutschen Imkerbundes am 08.05.2005. Die Bewerbung wurde in einem Umfang von 4 Seiten an alle Vorstandsmitglieder des D.I.B. und die potenziellen Teilnehmer der Landesverbände überreicht.
- Voigt, Wolfgang: Waldameisen – Blattläuse – Honigbienen. Allianz für biologische Vielfalt. Amtsblatt für die Gemeinde Bestensee. 11. Jahrgang/ Nr. 5, vom 28.05.2003.
- Voigt, Wolfgang: Die Honigbiene und ihre Bedeutung für Landschaft, Umwelt und Gesellschaft. Vortrag im Rahmen der Woche der Zukunftsfähigkeit 2006, am 18.09.2006 im Seeschlösschen Groß Köris.
- Voigt, Wolfgang: Vortrag im Landesverband Berlin-Brandenburg der Buckfastimker am 09.10.2005. In: Deutsches Haus Glindow, auf Einladung seines Vorsitzenden Martin Singer. Thema: Die Honigbiene und ihre Bedeutung für Landschaft, Umwelt und Gesellschaft.
- Voigt, Wolfgang: Rechenschaftsberichte des Obmanns für Bienenweide und Ameisenhege im Landesverband Brandenburgischer Imker am 17.03.2002 in Bernau, 30.03.2003 in Frankfurt/Oder, 28.03.2004 in Nauen, 20.03.2005 in Cottbus, 19.03.2006 in Rathenow, 25.03.2007 in Potsdam, 30.03.2008 in Michendorf, 29.03.2009 in Werben (Vetschau), 21.03.2010 in Wittstock, 20.03.2011 in Potsdam (Heim VHS), 25.03.2012 in Potsdam (Heim VHS), 24.03.2013 in Götz, 23.03.2014 in Paaren/Glien, 12.04.2015 in Paaren/Glien.
- Voigt, Wolfgang: Waldameisen – Honigbienen – Blattläuse. Bedeutungsvollste Lebewesen bei der Gesunderhaltung der natürlichen Umwelt. Pressebeitrag für das Umweltjournal von Rheinlad-Pfalz „umdenken“ vom 03.03.2006.
- Voigt, Wolfgang: Vortrag vor Imkern der Vereine Dippoldiswalde und „Oberes Müglitztal“ am 12.03.2006.
- Voigt, Wolfgang: Vortrag zum Thüringer Imkertag am 30.03.2008 in Suhl, Albrechts.
- Voigt, Wolfgang: Teilnahme am Tag des Ehrenamtes am 07.12.2005 im Krongut Bornstedt auf Einladung des Präsidenten des Landtages Gunter Fritsch und des Ministerpräsidenten Matthias Platzeck.

- Blütenpflanzen und Honigbienen – Indikatoren des Klimawandels. Ökologische Lösungen sind gefordert.
- Deutscher Imkerbund: Bienenwelt, 1997.
- Bericht über die Tätigkeit des Deutschen Imkerbundes e. V. 2007/2008 vom 11.10.2008 in Bad Segeberg.
- Bretz, Dieter: Waldameisen. Bedrohte Helfer im Wald.
- Periodika Ameisenschutz aktuell (Quartalsweise).
- Fachtagung über die Entwicklungen von Alleen als prägende Landschaftselemente.
- BUND: Alles über Alleen.
- BUND: Grüne Tunnel – Lebensadern. Haben die Alleen in Deutschland eine Zukunft?
- Bundesministerium für Umwelt, Naturschutz und Reaktorsicherheit: Nationale Strategie zur biologischen Vielfalt vom Bundeskabinett am 7. November 2007 beschlossen.
- Hüsing, Johannes Otto und Nitschmann, Joachim: Lexikon der Bienenkunde.

Kommt der graue Frühling? Dem Bienensterben entgegenwirken – Jeder kann etwas tun!

- Benjes, Hermann: Die Vernetzung von Lebensräumen mit Feldhecken, Natur und Umwelt. Bonn, 1994.
- Bretz, Dieter: Waldameisen – bedrohte Helfer im Wald, DASW, 3. Auflage, 1999.
- Bretz, Dieter: Waldameisen-Fibel, Ameisenschutz aktuell. S. 2000.
- Carson, Rachel: Der stumme Frühling, Biederstein: München, 1962
- Titel der Originalausgabe: Silent Spring. Houghton Mifflin Companie. Boston, 1962.
- Deutscher Imkerbund: Bienenwelt, 1997.
- Deutscher Imkerbund: Jubiläums-Journal 2000. 75 Jahre Echter deutscher Honig.
- Dustmann, Jost H.: Deutscher Imkerbund. Bienenhaltung und Naturschutz, 5.1. Vortrag gehalten auf dem Deutschen Imkertag am 05.10.1986 in Plön, revidierte Fassung vom 24.01.1994.

- Frank, Renate: Die Bedeutung des Honigs in der heutigen Ernährung.
- Gerlach, Alfred: Die Bedeutung der Honigbiene für die Befruchtung von Kulturpflanzen. Deutscher Imkerbund.
- Hölldobler; Bert & Wilson; Edward, O.: Ameisen. Die Entdeckung einer faszinierenden Welt. Birkhäuser Verlag.
- Jänike, Martin; Kunig, Philip; Stritzel, Michael: Umweltpolitik. Dietz.
- Klein, Axel: Macht den Wald bienenfreundlich. In: Ameisenschutz aktuell 4/1997.
- Otto, Dieter: Die Stellung der Hügel bauenden Roten Waldameisen im forstlichen Ökosystem im Rückblick der Erkenntnisentwicklung. In: Ameisenschutz aktuell 4/2000.
- Otto, Dieter: Die Bedeutung der Formica-Völker für die Dezimierung der wichtigsten Schadinsekten – ein Literaturbericht, Waldhygiene.
- Pritsch, Günter: Bienenweide. Kosmos, 2007.
- Ruppertshofen, Heinz: Der summende Wald. 8. völlig neu bearbeitete und erweiterte Auflage, Ehrenwirth: München, 1980
- Zimmermann, Frank: Neue Rote Listen in Brandenburg – Notwendigkeit – Stellenwert – Kriterien. Naturschutz und Landschaftspflege in Brandenburg. Heft 2, 1997.

Kapitel 2: Veröffentlichungen in *München Querbeet*

Vom Online-Magazin *München Querbeet* wurde über den Frieling-Verlag Berlin die Bitte an mich herangetragen, einen Beitrag zu schreiben, der sich inhaltlich mit dem Thema des ersten von mir verfassten Buches befasst. Darauf folgten weitere Beiträge (nummeriert in der Reihenfolge ihres Erscheinens) zu verschiedenen verwandten Themen.

Können Bienen zur Gesunderhaltung der Wälder beitragen?

Die Honigbienen, die Hügel bauenden Waldameisen, die Hummeln, die Wespen und die in wärmeren Regionen der Erde lebenden Termiten spielen in der natürlichen Umwelt als individuenreiche Völker eine herausragende Rolle. Sie sind als Bestäuber von Blütenpflanzen, aber auch als Nahrungsquelle vieler anderer Insekten fressender Lebewesen eine in der natürlichen Umwelt nicht zu vernachlässigende Komponente, auf die nicht verzichtet werden kann.

Die positive Beantwortung der Fragestellung hat namhafte Wissenschaftler wie Wellenstein, Gösswald oder Dustmann bereits vor Jahrzehnten veranlasst, um den Erhalt der Natur mit den Bienen und allen anderen Lebewesen zu ringen. Auch die Europäische Union hat, unter Berücksichtigung der internationalen Konvention über die biologische Vielfalt, in ihrer Fauna-Flora-Habitat-Richtlinie (FFH-Richtlinie) vorgeschrieben, schützenswerte Gebiete auszuweisen und damit Umweltstandards in Europa zu entwickeln, mit denen das Schwinden und Aussterben vieler Tier- und Pflanzenarten verhindert werden soll. Das damals zu schaffende Netz von Schutzgebieten trägt den Namen „Natura 2000“. Es bietet die Möglichkeit, ebenso wie das Bundesnaturschutzgesetz, Honigbienen wieder im Wald anzusiedeln, damit sie dort, wo sie bis vor wenigen Hundert Jahren in der Natur lebten, ihren artspezifischen Beitrag zur Erhaltung der in ihrem Bestand gefährdeten Pflanzen- und Tierarten leisten können. Dazu gehören sowohl die im jeweiligen Habitat lebenden Pflanzenarten, deren Blütenbestäubung durch Bienen erforderlich ist, als auch die Nutzung der Honigbienen als Nahrung für Vögel, Wespen, Spinnen, Ameisen und andere Tierarten, die in ihrem Bestand zurückgehen und Insektennahrung in ihrem Lebensraum benötigen.

In den dazu verfassten Publikationen wurden die Erkenntnisse erstmals historisch verknüpft und ein natürlicher Kreislauf gegenseitiger Förderung und Abhängigkeit erkennbar.

Vordergründig geht es bei den neuen Erkenntnissen nicht darum, Honigbienen der Imker wegen im Naturschutz einzubinden, und auch nicht darum, Ameisen als dominierende Lebewesen der Erde aufzuwerten oder den Ameisenschützern einen Gefallen zu tun. Es geht um den ökologischen Umbau jener Wälder, die durch ihren Aufbau das Entstehen von Insektengradationen begünstigen, und um ihre stabile Gesundheit mit allen dorthin gehörenden Lebewesen, wie dies in der Gegenwart angestrebt und teilweise schon erfolgreich umgesetzt wird. Damit kann die Anwendung von Pflanzenschutzmitteln und somit auch die Vergiftung der Umwelt zurückgedrängt werden. Der in natürlicher Vielfalt aufgebaute Mischwald mit ungleichmäßiger Stufigkeit und Bestockung, die Hügel bauenden Waldameisen, die Honigbienen und wild lebende Blütenbesucher, die Pflanzensauger, die Wild- und Vogelarten, die Kleinsäuger, Spinnen, Käfer, Wespen, Schmetterlinge, eine gigantische Anzahl von Bodenlebewesen – sie alle gehören zusammen und bedürfen des Schutzes durch den Menschen.

Gemeinsam können sie den Menschen das Naturerlebnis Wald mit allen seinen Mythen erhalten. Dieser Beitrag wendet sich an alle, denen die natürliche Umwelt in ihrer Gesamtheit am Herzen liegt, die Freude empfinden und Kraft schöpfen beim Erlebnis „Natur" und die professionell oder individuell zu dem Baum, dem Strauch, der Pflanze, dem Wild, der Vogelwelt, den Fischen, den Insekten (insbesondere den Bienen, Ameisen und Pflanzensaugern), aber auch allen anderen Lebewesen der heimischen Umwelt, einschließlich ihrer Durchzugsgäste, ein besonderes Verhältnis haben oder dies entwickeln möchten.

Die ursprüngliche Heimat der Honigbiene waren Wälder, wo sie vor allem hohle Bäume, Spechthöhlen oder Felspartien für ihren Nestbau nutzten. Die Honigbiene hat nahezu über den gesamten Zeitraum ihrer erdgeschichtlichen Entwicklung im Wald gelebt. Dort entnahmen die Zeidler, wie die damaligen Imker hießen, Honig von herrenlosen, wild lebenden Bienenvölkern. Vor etwa fünfhundert Jahren begannen die Zeidler auf die Entwicklung der vordem wild lebenden Bienenvölker Einfluss zu nehmen, indem sie selbst Höhlungen in den Baumstämmen als Wohnung für die Bienen schufen. Später zersägten sie diese von Bienen besetzten Bäume und stellten die damit geschaffenen sogenannten „Klotzbeuten" auf den Boden, um sie im Weiteren in Form von „Bienengärten" in die Ortschaften zu holen. Damit wurde die halsbrecherische Kletterei auf die Bäume im Wesentlichen beendet und die Biene intensiver ausgenutzt. Am 11.07.1928 wurde die Honigbiene durch den Reichstag zum nutzbaren Haustier erklärt. Obwohl die Biene heute nahezu ausschließlich von Imkern betreut wird, gibt es immer noch – Ausnahmen bestätigen die Regel – wenige wild lebende Bienenvölker, die allerdings wegen der Belastung mit Milben nicht langfristig in der Natur überleben können.

Die Verdrängung der Honigbienen durch den Menschen aus dem Wald ist eine der ersten Ursachen für den Beginn des Artenrückganges der Hügel bauenden Waldameisen und der von ihnen abhängigen Tier- und Pflanzenarten in den zurückliegenden Jahrhunderten. Zugleich erhöhte sich mit dem Rückgang der Ameisen die Gefahr, dass Wälder durch Insektengradationen geschädigt werden.

Mit dem Wunsch, ich möge zu diesem Thema schreiben, trat Dr. Sofia Delgado von der Zeitschrift *München Querbeet* an mich heran, und dies war zugleich der Anfang einer vertrauensvollen Zusammenarbeit, die anhielt. In der Folge wurden Pressebeiträge in ähnlichem Umfang erarbeitet und mit der Kennzeichnung „Querbeet" und der laufenden Nummer versehen.

Etwa seit April 2014 wurden auf eine Bitte von Dr. Delgado, die sie an den Frieling-Verlag richtete, Pressebeiträge im Umfang von einer bis eineinhalb Seiten übersandt.

Als Thema für den ersten Beitrag wurde vorgegeben:

01. Können Bienen zur Gesunderhaltung der Wälder beitragen?

In der Folge wurden in einem Rhythmus von zwei Wochen entsprechende Kurzbeiträge aus meinen Publikationen übersandt. Von Dr. Delgado wurde gewünscht, dass die Beiträge von der Leserschaft auch verstanden werden und keine hochwissenschaftlichen Begriffe enthalten.

Um sichtbar zu machen, dass das Thema über einen längeren Zeitraum beharrlich aus verschiedenen Perspektiven bearbeitet wurde, sind die korrigierten Beiträge hier nummeriert aufgeführt. Dem Leser soll damit Wissen vermittelt werden, das letztlich zu einem schonenden, sorgsamen Umgang mit der Natur führen kann.

Folgende Kurztitel wurden bisher geschrieben und übersandt:

02. Waldameisen werden durch Honigbienen gefördert
03. Über die Gefährdungen von Honigbienen
04. Zur ökologischen Bedeutung der Honigbiene in der Natur
05. Der Wald – die ursprüngliche Heimat der Honigbiene
06. Vom Liebesleben der Honigbiene
07. Was haben Pollenallergien bei Menschen mit dem Wirken von Honigbienen zu tun?
08. Was haben die Honigbienen für einen Wert?
09. Bienenexperte zum Honigurteil des EU-Gerichtshofs
10. Der Klimawandel
11. Die Kosten der Bienenhaltung
12. Die Gesundheit der Bienen obliegt der Verantwortung des Menschen
13. Die Ursache von Pollenallergien bei Menschen
14. Alleen sind Kulturgut und prägende Landschaftselemente
15. Waldameisen und Honigbienen – unverzichtbar in der Natur
16. Aufgaben der Waldameisen in der Natur
17. Honigbienen als wichtigste Nahrungskomponente
18. Ein Ameisenvolk beschützt einen Hektar Fläche
19. Naturwissenschaftler nehmen Stellung zur passiven Rolle der Honigbiene in der Natur
20. Journalisten stehen hinter den Publikationen pro biologische Vielfalt
21. Rachel Carson legte vor 50 Jahren den Finger in die Wunde
22. Bienen- und Insektenstich – in der Regel harmlos
23. Fipronil – nur ein Gift gegen Ameisen?
24. Was Bienen krank macht
25. Zerstörung durch Pflanzenschutzmittel

26. Insektenrückgang und die Folgen
27. Insekten – Neue ökologische Konzepte
28. Der Kampf Mensch gegen Natur
29. Pflanzenschutz – liegen wir richtig?
30. Effizienter Artenschutz durch Honigbienen-Fauna
31. Wo bleibt die biologische Vielfalt?
32. Eine Welt ohne Bienen ist undenkbar
33. Honigbienen werden durch Pflanzenschutzmittel getötet
34. Lebender Sonnenkollektor?
35. Wertlos oder unbezahlbar?
36. Genveränderte Nahrung harmlos?

Waldameisen werden durch Honigbienen gefördert

Ameisen, von denen etwa 9 500 Arten einen wissenschaftlichen Namen haben, sind nach dem bekannten Biologen und Pulitzerpreisträger E. O. Wilson die dominanten Lebewesen der Erde. Von über hundert im Freiland nachgewiesenen Ameisenarten in Deutschland sind nur 33 nicht gefährdet. Neun einheimische Hügel bauende Waldameisenarten tragen zur Stabilisierung des Ökosystems Wald bei. 150 Pflanzenarten werden durch Ameisen verbreitet und helfen dadurch beim Erhalt biologischer Vielfalt. Die Zahl der Gäste, die in Ameisennestern leben, liegt bei etwa 3 000 Arten. Unter ihnen sind auch siebzig Käferarten.

Ameisen nutzen Nektar und Pflanzensäfte sowie Honigtau und pflegen die Honigtau spendende Pflanzenläuse. Sie sind Zersetzer und Bodenbildner und beseitigen kleinere Kadaver wie Insekten und Spinnentiere, die sie nicht selbst erbeutet haben. An Bienenständen, den Lebensstätten der Bienen, ist die Natur vielfältiger. In ihrem Bestand gefährdete Arten, auch Waldameisen, sind in deren Nähe in höherer Dichte vorhanden. Ameisenreiche Waldbestände weisen einen 15–20 % höheren Singvogelbesatz auf als ameisenfreie Waldflächen (Bruns 1957, 1960). Der Einsatz von Honigbienen im Wald lässt einen darüber hinausgehenden, noch höheren Singvogelbesatz erwarten, dem bei der „Schädlingsbekämpfung" eine hohe Bedeutung zukommt. Mit der Ansiedelung von Honigbienen im Wald erhält damit auch der Vogelschutz neue Chancen. Otto stellte in den Fünfzigerjahren fest, dass im Verlaufe einer Nonnengradation die Anzahl der Ameisenvölker und ihre Stärke zunahmen. Zum Ende dieser Situation gingen sowohl Anzahl als auch Stärke der Ameisenvölker auf ihren vorherigen, zu niedrigen Stand zurück, bei dem die Insektengradation aus dem Ruder lief

Bienen und Ameisen wirken gemeinsam für eine intakte Natur

Die Verdrängung der Honigbienen aus dem Wald ist damit eine der ersten Ursachen für den Beginn des Rückganges der Hügel bauenden Waldameisenarten und der von ihnen abhängigen Tier- und Pflanzenarten.

Nach der Verdrängung der Honigbienen aus den Wäldern in den zurückliegenden Jahrhunderten gab es in der Entwicklung der Waldameisen wiederholt starke Schwankungen. Ihren Nutzen in der Natur bemerkte man im Zusammenhang mit dem massenhaften Auftreten von „Forstschädlingen", deren Raupen große Waldflächen kahl fraßen. Bei derartigen Insektengradationen wurden mitten im abgestorbenen Wald „grün gebliebene Inseln" – einzelne Bäume und Baumgruppen – gefunden, die nur deshalb noch am Leben waren, weil Ameisen im unmittelbaren Nestumfeld bis ca. 25 Metern Entfernung die „Schädlingsraupen" für die Ernährung ihrer Brut nutzten. Diese Beobachtungen wurden Anlass dafür, die Hügel bauenden Waldameisen vor über zweihundert Jahren unter Schutz zu stellen, damit sie, ebenso wie Singvögel und andere Insekten fressende Lebewesen, den bedrohten Bäumen helfen konnten zu überleben. Ein gravierendes Ereignis aus der Geschichte war eine Nachtfalterplage durch die Nonne über mehrere Jahre, die vom Ural bis zum Baltikum zum Einschlag von Millionen Festmetern Holz führte. Auch in Deutschland gab es massenhaftes Auftreten der besagten Nonne, die den Fortbestand der Wälder gefährdete.

Das Bekämpfen von Forstschädlingen wurde objektives Erfordernis

Ein derartiges Ereignis führte zu dem Befehl Seiner Exzellenz des Ministers, Graf von Arnim, vom 05.09.1792, „dass das Sammeln der Ameisenpuppen und Zerstören der Ameisenhaufen in den Forsten bis auf weitere Verfügung unterbleiben sollte. [...] Man nahm wahr, dass die Kienbäume, im Raupenfraß, woran Ameisenhaufen waren und isoliert standen, grün geblieben und von dem Raupenfraß verschont waren."

Ein weiterer Beleg: Im Namen Seiner Majestät des Königs erging in Mittelfranken 1839 die Bekanntmachung zur Schonung der Insekten fressenden Vögel und der übrigen Feinde der Raupen, vorzüglich der Ameisen, wegen der Schädigung der Wälder durch die Raupen der Nonne.

Im Ergebnis derartiger Ereignisse lag es nicht fern, dass naturverbundene Menschen vor über zweihundert Jahren eine Interessengemeinschaft zum Schutz der Ameisen gründeten. Die Deutsche Ameisenschutzwarte wirkt noch heute und verfügt in zehn Bundesländern über regionale Strukturen. Die Verbandszeitschrift *Ameisenschutz aktuell* erscheint quartalsweise.

Waldameisen wurden übergeordnete Gesundheitsfaktoren des Waldes

Die Nahrung der Ameisen besteht aus Honigtau und Blütennektar, Insekten, ausfließenden Baum- und Pflanzensäften sowie größeren Tierleichen, Hutpilzen und Pflanzensamen. Etwa zehn Milliarden Insekten vertilgt ein Volk der Kahlrückigen Waldameise von April bis Oktober.

Anders als bei Honigbienen, die ihre Nahrung – Honig und Pollen – in Waben lagern, können Ameisen keine Vorräte anlegen. Bei ihnen erfolgt die Aufbewahrung der jeweiligen Nahrung in ihrem Sozialmagen und im ständigen Austausch mit anderen Familienmitgliedern. Diese Nahrungsmenge muss auf der vom Ameisenvolk bejagten Fläche von etwa einem Hektar gewonnen werden. In einem ist die Nahrungszusammensetzung bei Bienen und Ameisen ähnlich: Für die Brut wird Eiweißnahrung benötigt – bei den Bienen in Form von Blütenpollen und bei den Ameisen in Form der erjagten Fleischnahrung. Die Energienahrung der adulten und geschlechtsreifen Alttiere besteht aus Blütennektar und den zuckerhaltigen Ausscheidungen der Pflanzensauger, die diesen Bestandteil des Siebröhrensafts nicht verdauen können und deshalb ausscheiden.

Aufgrund der großen Stärke der Honigbienenvölker – von denen jährlich durchschnittlich 15,6 kg sterbende Bienen pro Volk in die Natur entlassen werden, was von keiner anderen Insektenart auch nur annähernd erreicht wird – kommt dem passiven Wirken der Honigbienen, als Nahrung vieler anderer Lebewesen, insbesondere der Waldameisen, außerordentliche Bedeutung zu.

Über die Gefährdungen von Honigbienen

Verfolgt man über einen längeren Zeitraum die Veröffentlichungen zum Rückgang von Völkern der Honigbiene, kann man zu der Erkenntnis gelangen, dass da etwas im Argen liegt. Sowohl Presse als auch Rundfunk und Fernsehen, aber auch das Kino reagieren nahezu wöchentlich auf eine Vielzahl von Informationen, die eine sich verschlechternde Situation beschreiben. Viele Menschen reagieren mit Entsetzen auf detaillierte Beschreibungen. Im Gespräch sind solche Episoden, wie die Blütenbestäubung von Sonnenblumen, die wegen fehlenden Honigbienen per Hand bestäubt werden müssen. Auch andere Erscheinungen, die die Honigbiene betreffen, werden ausführlich diskutiert. Als Gefahr für den Fortbestand der Bienen wird seit Rachel Carson, die vor fünfzig Jahren das Buch *Der stumme Frühling* geschrieben hat, die fortgesetzte Vergiftung der natürlichen Umwelt durch sogenannte Pflanzenschutzmittel genannt. Zugleich bestehen erhebliche Bedenken bezüglich der Nutzung von genetisch veränderten Pflanzen, weil sie als krebserregend angesehen werden. Zur Beruhigung der Bevölkerung wird gesagt, dass nur die mildesten Mittel angewendet werden, die selektiv auf das jeweilige „Schadinsekt" wirken. Es darf allerdings festgestellt werden, dass ein Gift, das auf ein bestimmtes Insekt wirken soll, keineswegs von anderen als genießbar toleriert werden kann. Kein Gift ist harmlos. Die Gefährdung von Bienen durch Pflanzenschutzmittel wird deshalb mit den Kategorien „bienenungefährlich", „minderbienengefährlich" und „bienengefährlich" bewertet.

Peter Degner, Interview in der Märkischen Allgemeinen Zeitung vom 24.04.2014

MAZ: Welchen Gefahren sind Bienen heute vor allem ausgesetzt?

Voigt: Die Gründe sind vielfältig. Sie leiden einerseits unter der „aufgeräumten Landschaft", andererseits gilt seit 40 Jahren die Varroamilbe als Hauptfeind der Honigbiene, da sie für die Infektion mit Viren ursächlich ist. Ich selbst habe durch Pestizide mehrfach alle meine Flugbienen verloren.

MAZ: Gelten die zugelassenen Mittel nicht als ungefährlich für Bienen?

Voigt: Als ungefährlich gilt ein Mittel dann, wenn „nur" die Hälfte der

Flugbienen daran stirbt. Hinzu kommen gefährliche Gebrauchsanweisungen. Da steht, dass die Bestimmungen zum Bienenschutz einzuhalten sind. Mehr nicht. Ein Beispiel: Das Versprühen darf erst nach Sonnenuntergang erfolgen, wenn die Bienen ihren Flug eingestellt haben, aber das steht dort nicht.

MAZ: Man kann bereits jetzt tote Bienen entdecken – woran liegt das?

Voigt: Keine Sorge, es handelt sich um Winterbienen. Jetzt beginnt die Zeit der Sommerbienen.

Es gibt eine weitere Gefährdung der Bienen

Bei der Nahrungssuche fliegen an jedem Tag zunächst einige Bienen aus, um neue Futterquellen ausfindig zu machen. Haben sie diese gefunden, teilen sie dies ihren Stockgenossinnen durch Rund- und Schwänzeltänze auf der Wabe mit (Karl von Frisch). Je näher eine gefundene Trachtquelle liegt, umso stärker wird für diese geworben. Die Flüge aus der Bienenwohnung zur Blütentracht und umgekehrt erfolgen dann in der Regel im Geradeausflug. Blüten landwirtschaftlicher Kulturen und Blüten in Gärten, Parks, Alleen oder Blühstreifen sind für die Bienen zur Trachtnutzung attraktiv.

Werden auf diesen blühenden Pflanzen „Pflanzenschutzmittel“ eingesetzt, entsteht dadurch eine hohe Gefährdung von Blütenbesuchern, die in dem betreffenden Gebiet leben. Die Anwendung eines solchen Mittels per Flugzeug in mehreren Hundert Metern Entfernung von meinem Bienenwanderwagen hat einmal alle meine Flugbienen das Leben gekostet, und es bedurfte einer Zeit von drei Wochen, bis sich die Bienenvölker von diesem Schock erholt hatten. Der Schaden an Bienen und an Honigertrag war immens.

Eine Gefährdung von Bienen kann aber auch dann erfolgen, wenn nicht mit Gift gespritzt wird, sondern während der Flugzeit der Bienen offene Feuer in der Nähe eines Bienenstandes abgebrannt werden. Bienen, die eine offene Feuerstelle überfliegen, haben aufgrund ihres fest eingeprägten Orientierungssystems keine Möglichkeit, auszuweichen und ihre Stockgenossinnen zu warnen. Sie sterben beim Überfliegen einer Feuerstelle sofort. Je näher sich eine offene Feuerstelle an ihrer Beute befindet, umso schneller gehen die Flugbienen verloren. Die Dimension des entstehenden Schadens ist vergleichbar mit der eingangs erwähnten Vergiftung von Bienen. Offene Feuerstellen, auch mit dem Ziel der Beseitigung von Winterabfällen, zum Beispiel in Kleingartenvereinen, sollten deshalb wie die „Maifeuer“ stets nach Sonnenuntergang betrieben werden, wenn die Bienen ihren Flug eingestellt haben. Bei einem solchen Feuer in der Nähe eines Bienenstandes, das über mehrere Stunden andauert, bleibt keine Flugbiene übrig. Auch in solch einem Fall erholen sich die betroffenen Bienenvölker erst im Verlaufe von drei Wochen, wenn die in den Waben befindliche Brut geschlüpft ist. Es ist bemerkenswert, dass in beiden beschriebenen Fällen ausschließlich die Flugbienen verloren gingen. Die Königinnen mit den Jungbienen und der Brut, einschließlich Drohnen, überleben ein derartiges Ereignis. Der entstandene Schaden ergibt sich vor allem daraus, dass kein Ertrag erzielt wird. Das Bienenvolk reagiert nach dem Verlust der Flugbienen in der Form, dass Jungbienen vorzeitig ausfliegen müssen, um den Bedarf des Volkes, vor allem an Wasser, zu decken. Bei dem letztgenannten Ereignis war zu beobachten, dass sich relativ rasch viele Jungbienen einflogen. Für den Laien ist das so zu erkennen, dass vor den Fluglöchern ganze Wolken von Bienen fliegen, die Augen auf das Flugloch gerichtet, um sich ihre Wohnung einzuprägen. Erst dann geht es an die Erfüllung der anstehenden Aufgaben.

Querbeet 04

Zur ökologischen Bedeutung der Honigbiene in der Natur

Die Honigbiene hat für den Fortbestand der Pflanzenarten eine große Bedeutung. Jedes Frühjahr fliegen bereits 30 000 Flugbienen pro Volk zahlreiche Pflanzenarten an, von denen insgesamt rund 77 % auf die Blütenbestäubung durch das emsige Insekt angewiesen sind. Damit ist die Honigbiene der wichtigste Blütenbestäuber. Auch in der menschlichen Ernährung spielt die Biene eine wichtige Rolle, da diese etwa ein Drittel der Nahrungsmittelpflanzen direkt bestäubt.

Schädlingsbefall durch Globalisierung

Die Globalisierung birgt durch die Verbreitung von Schädlingen eine erhebliche Gefahr für die Honigbiene und zeigt zusätzlich ihre Unersätzlichkeit. Die Varroamilbe, die insbesondere die Brut der Honigbiene befällt, wurde in den Siebzigerjahren von zu Forschungszwecken importierten Asiatischen Honigbienen eingeschleppt. Der Varroamilbenbefall ist damit zweifellos eine negative Folge der Globalisierung. Die Vielfalt der anderen, an der Blütenbestäubung beteiligten 90 000 Insektenarten, ist bedroht. Auch aus dieser Sicht erweist sich die Honigbiene als ein wichtiger und unersetzlicher Blütenbestäuber in der weltweiten Landwirtschaft.

Pflanzenschutzmittel bedrohen Bienen

Mit der Chemisierung der Landwirtschaft, insbesondere nach dem Zweiten Weltkrieg, brach mit dem Einsatz von sogenannten Pflanzenschutzmitteln eine neue Ära an. Pflanzenschutzmittel, die als bienenungefährlich bezeichnet werden, sind für Bienen gefährlich. Denn diese Mittel – weltweit werden ca. 5 000 verschiedene Pestizide eingesetzt – wirken nicht selektiv auf Pflanzenschädlinge. Damit werden durch den Einsatz von Chemikalien nicht nur jene Insekten vergiftet, die in landwirtschaftlichen Kulturen Schäden verursachen, sondern auch Nutzinsekten wie die Honigbiene.

Vor der Chemisierung der Land- und Forstwirtschaft, etwa in der Mitte des vergangenen Jahrhunderts, warnte Rachel Carson in ihrem Buch Der stumme Frühling. Der Vergiftung der Umwelt sollte darin unverzüglich ein Ende bereitet werden. Das Bienensterben zu stoppen, heißt, im eigenen Garten keine Pestizide einzusetzen. Auch mit dem Kauf von Lebensmitteln aus ökologischem Anbau, der Aufzucht bienenfreundlicher Pflanzen und blütenreicher Wiesen sowie dem Kauf von Honig beim einheimischen Imker können sich Verbraucher für das Fortbestehen der Bienen einsetzen.

Honigbienen haben einen hohen ökonomischen Wert

Aus einer Mitteilung des Helmholtz Zentrums für Umweltforschung aus dem Jahre 2008 geht hervor, dass französische und deutsche Wissenschaftler erstmals den Bestäubungswert von Insekten weltweit ermitteln konnten. Für das Jahr 2005 beträgt er laut Angaben 150 Milliarden US-Dollar. Der Wert eines einzelnen Bienenvolkes beträgt nach EU-Angaben achthundert bis neunhundert Euro pro Bienenvolk. Die durchschnittlich 15,6 Kilogramm Biomasse pro Bienenvolk und Jahr, die als Nahrung von insektenfressenden Lebewesen genutzt werden, haben einen Wert von 1 070 Euro. Materiell sind anzufügen: etwa zwanzig kg Honig, neunhundert g Bienenwachs, Propolis, Blütenpollen, Perga (Bienenbrot), Gelee royale, sowie Bienengift für pharmazeutische Zwecke. Zu dieser Aufzählung gehört auch die soziale Komponente der Bienenhaltung. Die Biene muss vom Menschen betreut werden. Auch die Produktion von Imkereiausrüstung umfasst einen Wert in beachtlichen Größenordnungen.

Das Agrarministerium Brandenburgs ermittelte für 2011 den Bruttowert der Erzeugung von Milch = 557, Schweinefleisch = 309, Honig = 10 und Geflügelfleisch = 185 Millionen Euro.

Sowohl der Wert der Biomasse, die für Insekten fressende Lebewesen anfallende Bienennahrung, als auch der ökologische Wert der Blütenbestäubung wurden nicht erfasst. Der tatsächliche ökologische Wert der Honigbiene ist demnach nicht offiziell anerkannt

Bienenhaltung muss gefördert werden

Die Haltung von Honigbienen sollte – in Anbetracht der zuvor genannten Aspekte – ebenfalls wie bei Rind, Schwein und Huhn generell vergütet werden. Dieser grundlegende Lösungsansatz wurde anlässlich einer Beratung im Deutschen Bundestag vorgeschlagen und an den Präsidenten der

Europäischen Berufsimker-Vereinigung, Walter Haefeker, überreicht. Diese Vergütung sollte am ökologischen Nutzen der Honigbiene bemessen werden und sich in ihrer Höhe bei etwa 10 % des Nutzwertes orientieren. Unter Berücksichtigung auftretender Bienenverluste sollte diese Vergütung bei etwa zweihundert Euro pro Bienenvolk in zwei Raten erfolgen. Die erste Rate nach der Auswinterung zwischen den Monaten März und April und die zweite Rate nach der Einwinterung in Oktober und November. Eine derartige Vergütung ermöglicht es zum Ersten, Imkern einen Ausgleich zukommen zu lassen, mit dem ihre Arbeit in einer vernünftigen Höhe honoriert wird und zum Zweiten, einen Anreiz dafür zu schaffen, mit der Bienenhaltung zu beginnen. Der Vorschlag einer generellen Finanzierung der Bienenhaltung orientiert sich unter anderem auch an dem politischen Ziel der CDU für die zurückliegende Wahlperiode, die Einkommenssituation im ländlichen Raum grundlegend zu verbessern. Im angestrebten Konjunkturprogramm der Bundesregierung zur Vermeidung einer Rezession der Gesamtwirtschaft, sollten die in den Publikationen unterbreiteten Vorschläge berücksichtigt werden.

Der Rückgang der Bienenhaltung oder zu niedriger Besatz mit Bienen stellt eine Bedrohung für Flora und Fauna dar. Kein Lebewesen verfügt über ein derartiges Potential – aktiv und passiv – wie die Honigbiene. Schon aus diesem Grund muss für die Erhaltung dieser Spezies bei der Politik geworben werden..

Der Wald – die ursprüngliche Heimat der Honigbiene

Vor etwa einem halben Jahrtausend, als die Wälder in Deutschland noch weitgehend naturbelassen waren, begann jener sich langsam vollziehende Prozess, der aus der bis dahin wild lebenden Honigbiene Schritt für Schritt ein Haustier machte. Dieser Vorgang, bei dem die Wälder langsam in produktivere Monokulturen mit einem höheren Anteil von Qualitätsholz umgebaut wurden, führte zur Verdrängung der Honigbienen, die bis zu diesem Zeitpunkt von Zeidlern, wie damals die Imker hießen, durch Entnahme von Honig und Wachs aus Naturwaben genutzt wurden. Zunächst hat man die von Bienen bewohnten Baumabschnitte auf den Boden gestellt und in der Folge in die Ortschaften, in Haus- oder Klostergärten gebracht. Nutzer der Bienen war vor allem die Dorfintelligenz: der Dorfschulz (heute Bürgermeister), der Pfarrer und der Lehrer. Die Hügel bauenden Waldameisenarten waren die Verlierer dieser langsam verlaufenden Veränderungen in ihrem Lebensumfeld. Ihnen wurde mit den Honigbienen eine üppige Nahrungsgrundlage entzogen, denn jedes Bienenvolk liefert derzeit jährlich durchschnittlich 15,6 kg sterbende Bienen, die den Insekten fressenden Lebewesen als Nahrung zur Verfügung steht. Der hohe Anteil an sterbenden Bienen hat seine Ursache darin, dass die im Sommer lebenden Honigbienen nur sieben bis acht Wochen alt werden.

Das Verschwinden der Honigbienen aus den Wäldern und die Folgen

Für die Honigbiene ging im Zusammenhang mit dem Anbau von Monokulturen die Vielfalt blühender und Nektar spendender Bäume und Sträucher zurück. Monokulturen wie Fichte, Kiefer und Eiche liefern keinen Nektar wie Blütenpflanzen. Auf Bäumen lebende Pflanzensauger ermöglichen allerdings die Ernte einer ausgesprochenen Rarität unter den Honigen: den Waldhonig, der auch Blatthonig genannt wird. Dieser sehr dunkle Honig entstammt den von anderen Insekten erzeugten und im Anschluss daran von Bienen gesammelten Honigtau, ist besonders würzig und hat deshalb seine Liebhaber. Für die Ameisen hatte der Umbau der Wälder ebenfalls gravierende Folgen. Die Waldfauna in den Reinbeständen, also die vielfältigen Kleinstlebewesen, die

die Nahrungsgrundlage für die Ameisen bilden, konnte den Rückgang des ursprünglichen Nahrungsspektrums, zu dem auch die Bienen gehören, nicht voll ausgleichen. Hier ist der Grund für den Rückgang der Bestände vor allem der Hügel bauenden Waldameisenarten zu sehen. Aus diesem Grunde kann auch hier postuliert werden:

Nahrung ist das entscheidende Regulativ für den Erhalt der jeweiligen Art.

Monokulturen sind das gefundene Fressen für „Schadinsekten"

Erst nach Jahrzehnten des Heranwachsens großer Reinbestände im Wald zeigte sich das Verhängnisvolle dieser menschlichen Entscheidungen. Durch den Umbau der Wälder zu Reinbeständen wurde – mit Ausnahme der besonnten Waldränder – die am Boden befindliche Vegetation unterdrückt, da sie von der Sonne nicht mehr erreicht wurde. Der Wald wurde letztlich so umgebaut, dass im Wesentlichen keine Nektar spendenden Pflanzen mehr vorhanden waren. Damit hatte sich das Thema Honigbiene im Wald zunächst erledigt. Es gab allerdings Veränderungen in einer anderen, ebenfalls unerwünschten Richtung. Aufmerksamen Beobachtern entging nicht, dass hin und wieder Insekten, die von der jeweiligen Forstkultur lebten, in stärkerem Maße auftraten. Der Borkenkäfer, die Nonne, die Buschhornblattwespe, der Kiefernspinner und andere sind bekannte Arten, die zu verschiedenen Zeiten verstärkt von sich reden machten, ebenso wie aktuell der Eichenprozessionsspinner. Zu dieser Erkenntnis kam die Beobachtung hinzu, dass inmitten der durch die „Schadinsekten" kahl gefressenen Wälder geschützte, unbefressene Horste bei allen in der Literatur beschriebenen Insektengradationen auftraten. Dies führte in der Folge zur Gründung der Deutschen Ameisenschutzwarte und dem Versuch, Ameisen als übergeordnete Gesundheitsfaktoren des Waldes anzusiedeln, der aber letztlich nicht zu dem erwarteten Erfolg führte. Aus diesem Grunde blieb es bei dem Bestreben, Baumarten zu mischen. Der Versuch einer Ansiedelung von Ameisenvölkern erfolgt heute nur noch im Rahmen von Rettungsumsiedelungen.

Den Honigbienen und Waldameisen neue Chancen einräumen

Die Hügel bauenden Waldameisen sind heute als übergeordnete Gesundheitsfaktoren des Waldes anerkannt. Es ist aber anzuregen, dass auch die

Honigbienen bei dieser Einordnung berücksichtigt werden sollten. Waldameisen haben nur eine Reichweite von sechzig Metern, anders als die Honigbienen, die Blütenpflanzen auf mehrere Kilometer Entfernung anfliegen können. Ameisen müssen als räuberische Jäger die für ihren Fortbestand erforderliche Menge an Nahrung innerhalb eines Lebensraums von ein paar Dutzend Metern Entfernung erbeuten. Ist dies nicht möglich, gehen die Stärke der Völker und auch ihre Anzahl zurück. Daraus stellt sich die Frage, ob es auch möglich ist, den Schutz von landwirtschaftlichen Kulturen vor Insektenfraß durch verschiedene Ameisenarten in Erwägung zu ziehen. Das wäre aus gegenwärtiger Sicht die einzige Möglichkeit, zu einer ausgewogenen biologischen Vielfalt zurückzukehren. Ein wesentlicher Aspekt ist dabei, kein Gift gegen „Schädlinge" einzusetzen, sondern ihre natürlichen Gegenspieler zu unterstützen, bis ein natürliches Gleichgewicht zwischen den Arten wiederhergestellt ist. Eine flächendeckende Wiederansiedelung von Honigbienen im Wald kann ihre dauerhafte Nutzung als Eiweißkomponente der Ameisennahrung ermöglichen und dazu beitragen, die Anzahl der Ameisenvölker und ihre Stärke zu erhöhen. Die erforderlichen Bedingungen, aber auch die Probleme bedürfen der Erforschung. Die Erkenntnisse wiederum könnten dazu beitragen, einem extremen Insektenbefall, wie etwa nach Sturmschäden, auf natürliche Weise zu begegnen – indem die Honigbiene mit ihrem riesigen Potenzial als Eiweißquelle der Ameisen zeitweise aus dem befallenen Gebiet entfernt wird (so werden die Ameisen auf die Schadinsekten gelenkt). Entscheidend dabei ist, dass die Nahrungskomponenten Honigtau und Blütennektar als Nahrung für die Ameisen ebenso wie für die Honigbienen uneingeschränkt zur Verfügung stehen. Pflanzensaugern und blühenden Bäumen und Sträuchern ist deshalb größtmöglicher Schutz zu gewähren.

Schutz landwirtschaftlicher Kulturen vor Insektenfraß durch Ameisen

Die Ernährung der Hügel bauenden Waldameisen ist aufgrund ihrer maximalen Reichweite von ein paar Dutzend Metern nur begrenzt möglich. Dies gestattet es, in Erwägung zu ziehen, Ameisen zum Schutz landwirtschaftlicher Kulturen vor Insektenfraß einzusetzen. Wenn Agrarflächen durch Ameisen geschützt werden, kann auf die Anwendung von Pflanzenschutzmitteln –

letztlich Umweltgifte – verzichtet werden, was objektives Erfordernis ist. Hierzu muss in konzertierter Aktion um die Herstellung eines natürlichen Gleichgewichtes zwischen den Arten gerungen werden. Biologischer Pflanzenschutz bedeutet, generell beim Schutz landwirtschaftlicher Kulturen vor Insektenfraß auf chemische Mittel zu verzichten und auf die natürlichen Gegenspieler der unerwünschten Insekten zu setzen. Es ist aus gegenwärtiger Sicht die einzige Möglichkeit, zu einer ausgewogenen biologischen Vielfalt zurückzukehren. Der wesentliche Aspekt dieses Konzeptes ist, kein Gift gegen „Schädlinge" einzusetzen, sondern ihre natürlichen Gegenspieler, insbesondere die Hügel bauenden Waldameisen, zu unterstützen, bis ein natürliches Gleichgewicht zwischen den Arten wiederhergestellt ist.

Ausgestaltung der Agrarflächen auf die Bedürfnisse der Waldameisen

Das heißt nichts anderes, als die bestehenden großen Agrarflächen so zu zergliedern, dass diese von den Ameisenarten auch geschützt werden können. Dieses Zergliedern dient ausschließlich dem Zweck der flächendeckenden, (möglichst) natürlichen Ansiedelung der Ameisenarten durch Anlegen von Baum- und Strauchreihen mit einer Breite von fünf bis sieben Metern als ökologische Riegel. Diese können unterbrochen sein und Durchlässe und Wendemöglichkeiten für die Agrartechnik enthalten. Die einzige Bedingung, um einen nahezu flächendeckenden Besatz mit den verschiedenen Ameisenarten zu ermöglichen, besteht darin, dass diese ökologischen Riegel einen Zwischenraum von etwa hundert Metern haben. Ein Nachteil der Gestaltung dieser ökologischen Riegel besteht darin, dass Bäume und Sträucher längere Zeit benötigen, um in die Höhe zu wachsen und damit zum Lebensraum für Ameisen, Kleinsäuger, Singvögel, Tag- und Nachtgreife sowie andere Insektenarten und Bodenlebewesen werden. Es sollte kein Problem sein, Ameisen in diesen ökologischen Riegeln anzusiedeln – dies kann etwa mithilfe der Deutschen Ameisenschutzwarte schrittweise im Zuge von Rettungsumsiedelungen realisiert werden. In den Jahren 1985 bis 2012 erfolgten 5 330 Not- und Rettungsumsiedelungen von Waldameisenvölkern in Deutschland. In Brandenburg waren es in diesem Zeitraum 888. Der Vorteil der Nutzung von Waldameisenarten als natürliche Vertilger zahlloser Insekten besteht im

Verzicht auf Umweltgifte in Form von Pflanzenschutzmitteln und in der Unterstützung des natürlichen Potenzials der biologischen Vielfalt.

Vom Liebesleben der Honigbiene

Die Frage, wie es Igel treiben, hat wohl jeder schon gehört. Die darauffolgende Antwort wohl ebenso: gaaanz vorsichtig. Bei der Honigbiene sieht das schon etwas anders aus. Obwohl auch hier beim Kopulieren der Penis eines Drohn in die Scheide der Königin eingeführt wird, geht dies nicht so einfach wie bei den Säugetieren oder anderen Insekten. Im Bienenstock ist die Paarung von Drohn und Königin ausgeschlossen. Der Zwischenraum zwischen den Waben, die ein Bienenvolk besetzt, beträgt gerade einmal zehn Millimeter. In diesem engen Zwischenraum kann der Drohn nicht auf den Rücken der Königin aufreiten und die Begattung vollziehen. Aus diesem Grunde hat die Natur eine Lösung gefunden, die es gestattet, dass die Königin im Freien, in der Luft, ein paar Dutzend Meter über dem Erdboden, begattet werden kann.

Der erste Lebensabschnitt einer Bienenkönigin

Der erste Lebensabschnitt einer Bienenkönigin, auch Weisel genannt, beginnt wie das einer jeden anderen Biene: Aus jedem befruchteten und damit weiblichen Ei, das von der begatteten Weisel, der Stockmutter, in die Brutwabe gelegt wird, kann eine Königin entstehen. Aus unbefruchteten Eiern entstehen die männlichen Bienen, die sogenannten Drohnen. Nach der Eiablage durch die Königin stehen die Eier, auch Stifte genannt, vom ersten bis dritten Tag auf dem Boden der Wabenzelle. Bereits als junge Maden, deren Entwicklungszeit fünf Tage dauert, werden die Weichen für ein Dasein als Arbeiterin oder Königin gestellt. Bei den Maden, die sich zur Königin entwickeln sollen, erfolgt die Fütterung mit Weiselfuttersaft, dem Gelée Royale. Mit einer derartigen Ernährung wachsen diese Maden sehr schnell. Es folgen acht Tage Puppenzeit und der Schlupf, die Geburt, der jungen Weiseln. Fünf Tage nach dem Schlupf ist die junge Weisel schließlich paarungsbereit und fliegt, wenn die Temperaturen über 20°C liegen, so oft zur Begattung, durch mehrere Drohnen, bis ihre Samenblase ausreichend gefüllt ist. Bereits einen Tag später geht die junge Königin in die Eiablage. Da sich die Stärke des Bienenvolkes und die Aufzucht der neuen Königin(nen) durch natürliche

Vorgänge, beispielsweise durch die Teilung des bestehenden Volkes, selbst reguliert, wird an dieser Stelle eine allgemeine Erläuterung der ersten Lebensetappe gegeben. Bei Bienenvölkern, die von Menschenhand betreut werden, entscheidet der Imker über die Entstehung neuer Völker und die Aufzucht neuer Bienenköniginnen

Die Paarung der Bienen

Der Paarungsvorgang von Weisel und Drohn ist mit vielen Fragezeichen versehen. Dies liegt vor allem daran, dass die Paarung im Fluge erfolgt, in einer Höhe von etwa zehn bis zwanzig Metern über dem Erdboden. Persönliche Beobachtungen während der Begattungsflüge von Jungköniginnen gestatten mir, einen kleinen Beitrag zur Beantwortung dieser Frage zu leisten. Jungköniginnen fliegen zur Begattung zu den Drohnensammelplätzen, wo sich zu diesem Zweck bis zu mehrere Hundert Drohnen versammeln. Der Glückliche, der bei der Begattung zum Zuge kommt, reitet von hinten so auf die Königin auf, dass er ihren Körper mit seinen drei Beinpaaren umklammert und den Penis in die Scheide der Königin einführt. Innerhalb von Sekunden entlädt sich das Ejakulat in den Körper der Weisel und der Drohn beendet seine Umklammerung. Bis zum Loslassen der Weisel durch den Drohn fliegen beide Paarungsteilnehmer in die gleiche Richtung. Nach dem Loslassen geht der gekoppelte Flug in jeweils gegensätzliche Richtung, wodurch das verbundene Paar regelmäßig auf dem Boden landet. Dort landet ein Paarungsteilnehmer auf den Beinen, der andere auf dem Rücken und versucht sofort ebenfalls auf die Beine zu kommen. Erst dieser Vorgang führt dazu, dass der Penis des Drohn abgerissen wird, der nicht glatt, sondern mit einem seitlichen Knubbel versehen ist, mit dem der Begattungsakt durch eine gewisse Arretierung in der Scheide erst vollzogen werden kann. In der Luft ist die Trennung von Drohn und Weisel nach dem Begattungsakt in der Regel nicht möglich. Nach dem Herausreißen des Penis stirbt der Drohn innerhalb kurzer Zeit, während die Weisel, mit diesem Begattungszeichen in der Scheide, in ihr Volk zurückkehrt. Mithilfe von Arbeiterinnen wird der in der Scheide verbliebene Penis entfernt. Erst nachdem dieses Begattungszeichen entfernt wurde, ist die Jungkönigin zu weiteren Begattungsflügen in der Lage. Nach Beginn der Eiablage wird die Königin nicht noch einmal begattet.

Was kann man nach der Begattung sehen?

Neben den hier bereits dargestellten Beobachtungen möchte ich noch eine weitere ergänzen: Während meiner Beobachtungen der Fluglöcher von Begattungskästen, in denen junge Bienenköniginnen zur Begattung ein kleines Volk zur Verfügung hatten, bemerkte ich hin und wieder von der Begattung zurückkehrende Königinnen. In einem Fall flog die Königin auf das Flugloch ihres Kästchens zu, stoppte etwa dreißg Zentimeter vor dem Flugloch, „legte den Rückwärtsgang ein", um sich von der richtigen Hausnummer zu überzeugen, und ging dabei noch einmal auf einen halben Meter Distanz. In dieser Position flog eine Arbeiterin, die sich hinter ihr aufhielt, direkt auf den Körper der Königin und klatschte ihr hörbar auf den Rücken, wobei sie direkt vor dem Flugloch landete.

Nicht jede Königin wird begattet. Ein Hinweis führte mich in dieser Woche zu einem Minischwarm (ca. 500 g), der seit drei Wochen in vier Metern Höhe in einem Lebensbaum hing. Mein Versuch, das Schwärmchen in den Fangkasten zu schütteln, misslang. Die Bienen blieben in ihrer winzigen Traube hängen. Ursache war, dass dies kein Schwarm mehr war, sondern innerhalb der Bienentraube bereits drei Waben mit Drohnenbrut vorhanden waren. Das heißt, es handelte sich um ein wild lebendes Völkchen, dessen Königin unbegattet war und aus diesem Grunde unbesamte Eier legte. Diese Situation erforderte völliges Neudurchdenken der erforderlichen Maßnahmen. Nach dem Einlogieren in eine leere Beute, ein Bienenkasten, mit drei Mittelwänden wurde am folgenden Tag der Rest der nicht erfassten Bienen mitsamt des Zweiges ebenfalls mit einlogiert. Die zum Völkchen gehörende Weisel wurde nicht gefunden. Darum wurde eine begattete Weisel im Zusetzkäfig zwei Tage lang beobachtet und dann freigelassen. Wäre das Völkchen nicht geborgen worden, wären die Bienen als Vogelfutter bis zum Herbst genutzt worden. Was aus ihm wird, ist allerdings zum jetzigen Zeitpunkt noch völlig unklar. Die zugesetzte Weisel ging nach dem Ausbau eines Wabenteils nach zwei Tagen in Brut.

Was haben Pollenallergien bei Menschen mit dem Wirken von Honigbienen zu tun?

Immer mehr Menschen klagen über Allergien und sind von ihnen betroffen. Darunter auch immer mehr Kinder. In seinem achten Beitrag geht unser Gastautor und Bienenexperte Wolfgang Voigt auf den Zusammenhang von zunehmenden Pollenallergien und den Rückgang der Bienen ein.

Seit der ersten Hälfte des 20. Jahrhunderts erfolgen Untersuchungen zum Nutzen der Biene als blütenbestäubendes Insekt. Diese Untersuchungen stellen zugleich den Anfang der Darstellung des ökologischen Nutzens der Bienen dar. Aufgrund der weiterhin zunehmenden gesundheitlichen Belastung von Menschen durch Blütenpollen von Pflanzen, die durch Wind bestäubt werden, erfolgten vor allem in den letzten 35 Jahren medizinische Untersuchungen über Allergien auslösende Pflanzen. Diese auftretenden Allergien führten zur Entwicklung einer Vielzahl von Medikamenten. War in den Zwanzigerjahren des vorigen Jahrhunderts noch weniger als 1 % der europäischen Bevölkerung davon betroffen, so betrug ihr Anteil in den sechziger Jahren bereits 5 %. Heute sind es 15 bis 25 % mit weiter steigender Tendenz. Ein Viertel von ihnen ist an Asthma erkrankt, dem fast immer Heuschnupfen oder Nahrungsmittelallergien vorausgehen. Für die Gesundheit des Menschen (achtzig Millionen Europäer sind als Pollenallergiker persönlich betroffen) und die Artenvielfalt in natürlicher Umwelt sowie in Landwirtschaft und Forst stellt sich die Honigbiene als das entscheidende Schlüssellebewesen dar.

Pollenallergien durch Windbestäuber

Die Ursache für diese Entwicklung findet sich in dem Bestandsrückgang von blütenbestäubenden Insekten und dabei vor allem der Honigbiene. Mit diesem Rückgang steigt die Anzahl von jenen Blütenpflanzen, die nicht von Insekten bestäubt werden und sich deshalb nicht weiter verbreiten können. Nehmen wir als Beispiel eine Schlüsselblume, die als Blütenpflanze eine Fläche von etwa einem Quadratdezimeter bedeckt. Kann sie wegen fehlender Blütenbestäubung keinen keimfähigen Samen ausbilden, entsteht Platz für

Windbestäuber, vor allem für Gräser. Das Fehlen von Blütenbestäubern in freier Natur führt also zwangsläufig zum Rückgang von Blütenpflanzen und damit zur Zunahme von Windbestäubern. Und dies ist das Problem der Pollenallergiker, dem entgegenzuwirken ist.

Pollenallergien haben also ihre Ursache im Rückgang von blühenden Pflanzen und der Zunahme von Pflanzen, die durch Wind bestäubt werden.

Maßnahmen gegen den Pollenflug

Werden also Bestäuberinsekten gefördert, profitieren gleichzeitig die Blütenpflanzen und es wird zu einer Minderung des Pollenfluges beigetragen. An der Spitze stehen bei der Minderung des Pollenfluges:

- Land- und Forstwirtschaft, und hier speziell Gräser und Beifuss mit ihrem hohen Pollenangebot, Klein- und Hausgärten stehen mit Sicherheit nicht am Pranger, denn diese Gärtner sind an einer andauernden Blütenpracht vom Frühjahr bis in den Herbst selbst interessiert.
- Wiederhergestellte oder neu geschaffene natürliche Biotopelemente wie Feldgehölze, Busch- und Baumgruppen, Sölle, Steinschüttungen, Gräben, aber auch Windschutzstreifen (auch als Deckung für Niederwildarten und Horstmöglichkeiten für Greifvögel).
- Einsatz von Honigbienen grundsätzlich auf jedem Quadratkilometer Landesfläche.

Ursachen von Pollenallergien

Allergische Reaktionen bedürfen der Behandlung. Die einzige ursächliche Therapie ist die Durchführung einer Hyposensibilisierung (spezifische Immuntherapie). Die Behandlungserfolge hängen entscheidend von der Qualität der Allergiediagnostik ab, denn es muss natürlich mit dem tatsächlich beschwerdeauslösenden Allergen hyposensibilisiert werden. Auch die Dauer der Behandlung spielt eine Rolle. Bei der klassischen Form beträgt sie drei bis fünf Jahre. Der Behandlungserfolg kann bei Patienten mit vielen Allergien eingeschränkt sein. Außerdem spielt es eine Rolle, wie lange der Patient schon an der Allergie leidet. Je schneller man nach dem Ausbrechen der Allergie hyposensibilisiert, desto größer ist der Erfolg. Die Erfolgsquoten bei Heuschnupfen-Patienten liegen bei ca. achtzig Prozent.

Um einen Überblick über die Pollenbelastung zu erhalten und aktuelle Pollenflugvorhersagen zu erstellen, werden in den meisten europäischen Ländern Pollenflugkalender geführt. So wurden seit 1974 vom Pollenflug-Netzwerk (EAN) mehr als 20 000 Jahresberichte analysiert. Die Ergebnisse belegen eine Veränderung des Pollenfluges innerhalb der letzten Jahrzehnte in Europa. Die Blühperioden der Pflanzen beginnen immer früher und dauern auch länger an. Zusätzlich entsteht eine intensivere Pollenbelastung. In Mitteleuropa müssen sich Pollenallergiker auf eine längere Konfrontation mit Baum-, Gräser- und Kräuterpollen einstellen. Der Blühbeginn und die Höhepunkte der Pollensaison sind bei Frühblühern (zum Beispiel Erle und Hasel) um etwa zwanzig Tage nach vorne, in Richtung Jahresbeginn, verschoben.

Was haben die Honigbienen für einen Wert?

Die Frage nach dem Wert der Honigbiene ist so kurz, wie sie gestellt ist, gar nicht so leicht zu beantworten. Geht man davon aus, dass die für den Menschen vier wichtigsten Tierarten, Rind, Schwein, Honigbiene und Huhn, sehr unterschiedlich zu bewerten sind, kommen eine ganze Reihe von Besonderheiten hinzu. Im Bundesland Brandenburg wurde gemäß einer Auskunft des Agrarministeriums für das Jahr 2011 der Bruttowert der Milcherzeugung (557 Millionen Euro) und Mutterkuhhaltung (43 Millionen Euro) mit 600 Millionen Euro beziffert. Für die Schweinehaltung wurden 309, für die Geflügelhaltung 185 und für die Honigerzeugung 10 Millionen Euro ermittelt – auf das Rind entfallen also 54,3 %, auf das Schwein 28 %, auf den Honig 0,9 % und auf das Huhn 16,8 %. Daraus wird erkennbar, dass die Leistung der Honigbiene auf die Honigerzeugung reduziert wird. Ihre vielfältigen Leistungen, insbesondere die Blütenbestäubung, aber auch ihre Biomasse, spielen dabei nicht die Rolle, die ihnen objektiv zukommt. Dies führt dazu, dass wirtschaftlich bedeutsame Leistungen der Honigbiene gesellschaftlich völlig unbekannt sind und demgemäß ignoriert werden.

Die ökologische und ökonomische Leistung der Honigbiene pro Volk ist eindeutig definiert

1. Der ökonomische Nutzen der Honigbienen liegt jährlich weltweit bei ca. 150 Milliarden US-Dollar, der Bestäubungswert eines einzelnen Bienenvolkes nach EU-Angaben bei 800 bis 900 Euro pro Jahr. Die Bestäubungsleistung, die durch andere an der Blütenbestäubung landwirtschaftlicher Kulturen beteiligte Insekten erzielt wird – wie Fliegen, Wildbienen, Schmetterlinge, Ameisen und anderen –, wird auf drei Milliarden US-Dollar geschätzt. Die Bestäubung wild lebender Blütenpflanzen, die auf die Bestäubung durch Honigbienen angewiesen sind, ist hier weiterhin nicht einbegriffen.
2. Jährlich fallen je Bienenvolk 15,6 kg Biomasse als Nahrung für Insekten fressende Lebewesen an – wie etwa die Hügel bauenden Waldameisen, die in der Nähe der Bienenvölker leben, aber auch andere

Nutzer wie Vögel, Wespen, Spinnen, Schlangen, Kröten, Frösche, Bakterien und Pilze. Dies entspricht einem Wert von 1 080 Euro pro Jahr.
3. Der Honigertrag von etwa zwanzig kg unter Berücksichtigung des Aufstellortes der Bienen.
4. Ca. 900 g Bienenwachs
5. Propolis
6. Blütenpollen
7. Perga (Bienenbrot)
8. Weiselfuttersaft (Gelée royale)
9. Bienengift
10. Die soziale Komponente der Bienenhaltung muss ebenfalls berücksichtigt werden. Die Honigbiene muss nach ihrer Verdrängung aus dem Wald durch den Menschen betreut werden. Er hat ihre natürlichen Lebensbedingungen, als Erstes ihren angestammten Wohnraum in der Natur, rigoros beseitigt. Ihre Nahrungsquellen – und damit auch ihre Existenz – ist weiterhin bedroht.

Für den Erhalt der biologischen Vielfalt haben Blütenbestäuber eine Schlüsselfunktion

Darauf machte das Bundesamt für Naturschutz im Rahmen der 9. UN-Konferenz zur biologischen Vielfalt aufmerksam. Rund 35 % der Weltnahrungsproduktion hängen nach einer Studie der Welternährungsorganisation FAO von Blüten besuchenden Insekten ab. Eine vierjährige Untersuchung im Rahmen des Projekts „Lebensraum Börde“ in der Rheinischen Kulturlandschaft zeigte, dass Blühstreifen der ideale Lebensraum für Wild- und Honigbienen sowie Tagfalter sind. Dort wurden auf 20 Kilometern Blühstreifen angelegt und einige Hektar Wildkräuter angesät. Dieses bienen- und imkerfreundliche Projekt wurde von der Deutschen Bundesstiftung Umwelt, dem Deutschen Bauernverband und dem Rheinischen Landwirtschaftsverband getragen. Obwohl die Honigbiene außergewöhnliche Leistungen erbringt, erfolgt Bienenhaltung meist als Hobby und auf viel zu niedrigem Niveau.

Die Produktion von Imkereiausrüstung schafft Arbeitsplätze

Im Landkreis Göttingen waren im Jahr 2004 35 % der Agrarflächen mit Honigbienen unterversorgt. Das entspricht vier Bienenvölkern pro Quadratkilometer, Tendenz abnehmend. Im Land Brandenburg waren es zu diesem Zeitpunkt ca. 0,9 Bienenvölker pro Quadratkilometer. Vor 500 Jahren wurden zum Vergleich im Nürnberger Reichswald 77 Bienenvölker pro Quadratkilometer genutzt. Deutschlandweit (357 000 Quadratkilometer) bedeutet eine mit Bienen unterbesetzte (eigentlich unbesetzte) Fläche von 35 % 125 000 Quadratkilometer ohne Bienen. Diese Fläche mit vier Völkern pro Quadratkilometer zu besetzen, erfordert einen Bedarf von 5 000 Berufsimkern mit jeweils hundert Bienenvölkern oder von 50 000 Freizeitimkern mit einer durchschnittlichen Standgröße von zehn Bienenvölkern.

Für die Neuausstattung einer kleinen Imkerei sind nach Auskunft des Deutschen Imkerbundes 968 Euro erforderlich. Die Produktion von Imkereiausrüstung für diese Neuimker entsprechen einer Investition in Höhe von 2,74 Milliarden Euro. Bei einer politischen Entscheidung zum Aufbau von fünf Bienenvölkern pro Quadratkilometer würde die Investitionssumme auf ca. 3,42 Milliarden Euro steigen und bei einer theoretischen Substitution der Honigimporte durch eine eigene Honigproduktion mit elf bis zwölf Bienenvölkern pro Quadratkilometer auf über 7,8 Milliarden Euro.

Diese Zahlen belegen, welche Folgen es hat, den Marktkräften freien Raum zu lassen. Honigimporte decken zwar den in Deutschland vorhandenen Bedarf an Honig, führen zugleich allerdings dazu, dass auf ökonomische Leistungen verzichtet wird, die von Handwerk und Gewerbe erbracht werden könnten.

Bienenexperte zum Honig-Urteil des EU-Gerichtshofs

Das EU-Parlament hat kürzlich eine Regelung des Europäischen Gerichtshofs aus dem Jahr 2011 zum Kippen gebracht. Nun dürfen Pollen nicht mehr als Zutat definiert werden, sondern sind wieder ein natürlicher Bestandteil des Honigs. Dieser muss ab jetzt nur dann mit dem Hinweis „gentechnisch verändert" gekennzeichnet werden, wenn er einen Anteil von mehr als 0,9 % gentechnisch veränderter Organismen enthält.

Wenn sich Gerichte mit derartigen Problemen befassen, steckt meist etwas dahinter, das der Klärung bedarf. Im Honig kann man jene Blütenpollen finden, von deren Blüten Honigbienen Nektar gesammelt haben. Doch wie kommen diese Pollen in den Honig? Nektar und Blütenpollen der meisten Blütenpflanzen, von denen Bienen sammeln, sind nahezu zur gleichen Zeit in Blüten vorhanden. Da der Pollen in den Blüten lose verfügbar ist, um auf die Stempel von Blüten übertragen zu werden (ein Kunstgriff der Pflanzen, um befruchtet zu werden), fallen Pollen in den Nektar der Blüte und gelangen damit zu diesem – und keinem anderen – Zeitpunkt in den Honigmagen der Bienen.

Pollen der Blüten für die Bestäubung

Auch mit dem Haarkleid der Sammlerinnen werden Pollen eingetragen, die meist unmittelbar für die Ernährung der Brut verwendet werden. Das Haarkleid der Bienen ist das entscheidende Werkzeug, mit dem der Blütenpollen auf viele Blüten übertragen wird. Das eigentliche Sammelgut der Pollensammlerinnen, die Pollenhöschen, wird als Vorrat um das Brutnest herum, vor allem über diesem und eingelagert und sowohl sofort genutzt als auch durch eine Milchsäurevergärung konserviert, um als Perga zu einem späteren Zeitpunkt als Brutnahrung genutzt zu werden. Perga ist für die Ernährung der Bienenmaden vielfach wertvoller als Pollen. Der Pollen, der mit dem Nektar in der Honigblase der Sammlerinnen landet, findet sich später in dem dann gereiften Honig wieder.

Pollen aus dem Pollenkranz oder den Pollenbrettern erscheint nicht im Honig, sondern wird an die Brut verfüttert. Damit wird belegt, dass Perga, das im Pollenkranz und auf den Pollenbrettern – ganzflächigen Pollenwaben, die das Brutnest begrenzen – entsteht, nicht im Honig nachgewiesen werden kann. Das Sammelgut – sowohl Nektar als auch Pollen – weist einen hohen Wassergehalt auf (ca. 40 %) und wird deshalb im Bienenstock, vor allem durch Wasserentzug, verändert. Dabei wird der Nektar zu Honig und nach der Milchsäurevergärung des Pollens wird dieser Pollen zu Perga. Das heißt, der in der Honigblase eingetragene Nektar enthält bereits jenen Pollen, der später, nach der Reifung des Honigs, in sehr geringen Mengen nachweisbar ist.

Hat der Pollen von genveränderten Pflanzen Auswirkungen auf die Gesundheit der heranwachsenden Bienenbrut?

Wie groß muss das Blütenangebot natürlicher Blütenpflanzen sein, damit der Anteil an gentechnisch veränderten Pollen an der Gesamtnahrung der Bienenvölker auf ein konkretes Minimum, besser auf null, schrumpft? In den öffentlichen Kommentaren zum Urteil wird dies falsch definiert. Beim Honigschleudern wird Pollen, der sich in den Waben befindet, nicht herausgeschleudert. Auch der Anteil von Pollen im Honig hängt nicht von Zufällen bei der Herstellung und Ernte des Honigs ab, sondern wie oben beschrieben vom Vorhandensein von gentechnisch veränderten Pflanzen im Flugkreis der Bienen. Gentechnisch veränderter Pollen wird bereits bei der Aufnahme von Nektar der genetisch veränderten Blütenpflanzen in der Honigblase der Biene gesammelt. Wenn es sich erweist, dass gentechnisch veränderte Pollen für die Biene und den Menschen schädlich sind, ist der Anbau betreffender Pflanzen (unverzüglich) zu unterbinden.

Eine Darlegung in den Kommentaren führt die Behauptung ad absurdum, dass vor allem das Handeln des Imkers die Ursache der Problematik sei, weil er den materiellen Vorgang des Zentrifugierens, die er zu Erntezwecken durchführt, aus Eigeninteressen realisiere. Auch die Bemerkung, dass diese Merkmale von Zufällen bei der Herstellung und Ernte des Honigs abhingen, ist konsequent zurückzuweisen. Der Imker hat keinen Einfluss auf die von den Bienen gesammelten Produkte, insbesondere den Pollen, außer dass er Trachtquellen anwandern kann.

Bio-Imker Roger Damme wird richtig zitiert: „Der allermeiste Pollen gelangt durch die Bestäubungstätigkeit der Bienen in den Honig. In geringerem Maße können auch Pollen von Windbestäubern […] sich im Honig wiederfinden, infolge der Luftzirkulation im Innern des Bienenstocks. Beim Schleudern von Honig durch den Imker können weitere Pollenkörner, welche sich eventuell auf den Waben befinden, in den Honig gelangen." (Damme, 11.02.2014)

Es bleibt der akzeptierte Artikel 2 der Kommentare, dem der Absatz angefügt wird: „5. Pollen ist ein natürlicher Bestandteil von Honig und nicht Zutat." Pollen wird von den Arbeiterinnen beim Nektarsammeln mit dem Nektar über ihr Haarkleid aufgenommen. Bei Pollensammlerinnen wird er vor allem in den Körbchen gesammelt, aber auch im Haarkleid eingebracht.

Dass der Imker mit diesen Vorgängen in Zusammenhang gebracht wird, ist als Versuch zu werten, ihm zu unterstellen, er würde durch seine Handlungsweise – also durch die Honigentnahme und das Schleudern – dem Honig gentechnisch verändertern Pollen hinzugeben. Das Handeln des Imkers erfolgt jedoch am Ende des Entstehungsprozesses von Honig. Er erntet bestenfalls das fertige Produkt Honig. Eine Verunreinigung des Honigs mit gentechnisch verändertern Pollen erfolgt ausschließlich beim Pollen- und/oder Nektarsammeln in der Blüte der gentechnisch verändertern Pflanzen. Der Imker kann nur den Honig ernten, den seine Bienen in den Waben reifen ließen.

Es scheint mir bedeutsam, auf die Notwendigkeit zu verweisen, dass der Imker von den dokumentierten Verdächtigungen bezüglich seiner angeblich fehlerhaften Handlungsweise ein für alle Mal freigesprochen wird. Eine Verunreinigung des Honigs mit gentechnisch verändertem Pollen erfolgt ausschließlich dann, wenn gentechnisch veränderte Pflanzen im Flugkreis seiner Bienen von diesen angeflogen werden. Hier ist es erforderlich, Ursache und Wirkung klar zu trennen. Die Ursache für den Eintrag von gentechnisch veränderterm Pollen ist der Anbau derartiger Pflanzen durch den Anwender derartigen Saatgutes. Der Imker und seine Bienen können dem Verbraucher nicht als Blitzableiter präsentiert werden. Deshalb möchte ich noch einmal bekräftigen: Das Problem ist der Produzent (Hersteller und Anwender) der genveränderten Erzeugnisse, nicht der Imker mit seinen Bienen.

Querbeet 10

Der Klimawandel

Der Klimawandel ist in aller Munde. Doch wenn von ihm die Rede ist, gehen die Auffassungen, zumindest teilweise, erheblich auseinander. Die einen vertreten die These von der anthropogenen globalen Erwärmung der Erde. Andere vertreten die Auffassung, die Ursache der Erderwärmung seien nicht die Menschen, sondern die Sonne; die Erderwärmung sei die Folge von Schwankungen der Sonnenaktivität. Diese unterschiedlichen Auffassungen werden wahrscheinlich auch in den kommenden Jahren emotional geführte Auseinandersetzungen zwischen den Vertretern der jeweiligen Richtungen verursachen. Beide werden ihre voneinander abweichenden Standpunkte mit Beweisen belegen, die dem Bürger logisch erscheinen. Es scheint gleichgültig zu sein, welche der Positionen die tatsächlichen Ursachen erkennt und beschreibt. Vorerst sind beide, zumindest in Teilen, verständlich und haben ihre Berechtigung. Es sollte auch weiter darum gerungen werden, des Pudels Kern zu finden. Schließlich sind die zu erwartenden Folgen durchaus erheblich und bedürfen der Berücksichtigung bei allen Entscheidungen, die das Leben auf der Erde betreffen.

Die Honigbiene ist an die unterschiedlichsten Wetterphänomene angepasst

Sie lebt seit der Kreidezeit auf der Erde und hat in ihrer Entwicklung die bisher aufgetretenen klimatischen Schwankungen erfolgreich überstanden. Anders als in den letzten Jahrzehnten kam die Honigbiene mit den jeweils vorgefundenen Umweltbedingungen immer zurecht. Dies ist auch zutreffend für die Phase vor 500 Jahren, als der Mensch begann, Honig und Wachs von wild lebenden Bienenvölkern zu entnehmen, und immer stärker darauf abzielte, sie aus ihrer ursprünglichen Heimat, dem Wald, in die Nähe menschlicher Behausungen umzusiedeln. Erst am 11.07.1928 beschloss der Reichstag, Bienen unter den nutzbaren Haustieren des Viehseuchengesetzes zu erfassen. Leider endete mit diesem Gesetz, von wenigen Ausnahmen abgesehen, das Leben der Honigbiene als wild lebendes Insekt. Mit dieser Entwicklung einhergehend entstand eine Situation, in der es nur noch möglich erscheint, der Honigbiene Chancen einzuräumen, indem dem staatenbildenden Insekt vielseitige

Unterstützung durch die gesamte Gesellschaft zuteil wird. Doch mit einer verbalen Unterstützung ist der Biene noch lange nicht geholfen. Betrachtet man die Blühzeiten der verschiedenen von Bienen genutzten Trachtpflanzen, so ergibt sich aus einer Analyse der Wetteraufzeichnungen von 1975 bis 2009, dass die trachtfreie Zeit nach dem Ende der Vegetationsperiode, in der die Bienen nichts sammeln können, immer länger wird. Im langjährigen Mittel sind pro Jahr (Raum Berlin) 176 Flugtage zu verzeichnen, an denen Bienen sammeln können. Die bislang geringste Anzahl von 168 Flugtagen war 1978 zu verzeichnen. 1988 dagegen konnten die Bienen an 288 Tagen fliegen. Diese Abweichungen im Umfang von 120 Tagen – das sind vier Monate – sind außergewöhnlich. Zu einem ähnlichen Ergebnis kommt der Deutsche Wetterdienst (2006), der die Anzahl der Tage nach dem Jahreswechsel bis zum Beginn der Apfelblüte (Gebietsmittel für Deutschland) analysierte. Der Indikator bildet Auswirkungen des Klimawandels an diesem Beispiel ab. 1960 begann die Apfelblüte noch nach 132 Tagen, im Jahr 2005 dagegen schon nach 120 Tagen (*Nationale Strategie zur biologischen Vielfalt,* 2007, S. 134). Dabei ist ein linearer Trend erkennbar.

Bienenverluste wegen fehlender Tracht

Wiederholt konnte in den Jahren ab 2002 beobachtet werden, dass mit dem Ende der Lindenblüte bereits Ende Juni jegliche Tracht ausfiel. Linden sind im hiesigen Umfeld wichtige Bienenweide und relativ sichere Haupttracht. Hinsichtlich der Nektarsekretion und des Bienenbeflugs sind sie wissenschaftlich am besten untersucht. Schwül-warmes Wetter mit leichter Gewitterneigung fördert die Nektarsekretion der Blüten. Für den Bienenbeflug treten zwei Maxima zwischen 08.00 und 10.00 Uhr sowie zwischen 16.00 und 18.00 Uhr auf. Während der Mittagszeit, in den heißen Tagesstunden, ist der Nektar oft so konzentriert, dass ihn die Bienen nicht aufnehmen können. Hohe Temperaturen und Trockenheit können, in Abhängigkeit vom konkreten Standort der Bäume, zum völligen Ausfall der Lindentracht führen. (Hüsing und Nitschmann, 1987)

Die vor allem der Witterung zugeschriebenen Erscheinungen können bei weiteren Wiederholungen erhebliche Folgen nach sich ziehen, da die Trachtperiode, in der die Bienen Nektar sammeln können, nur noch den Zeitraum von Mitte Mai bis Ende Juni, also etwa anderthalb Monate, umfassen würde und von Ende Juni bis zum September, also über ein ganzes Quartal, zeit- und kostenintensiv wäre. In diesem Zeitraum ist mit geringeren oder gar ausfallenden Honigernten zu rechnen. Darüber hinaus entstehen zusätzliche, bisher nicht erforderliche Kosten für die Fütterung der Bienenvölker. Es erscheint unumgänglich, dass sich die Politik dieser neuen Art von Sorgen annimmt und die Weichen für die weitere Entwicklung stellt. An der wichtigsten Aufgabe gegen Auswirkungen des Klimawandels – der zügigen Umgestaltung des Waldes und dem dauerhaften Einsatz von Honigbienen zur Unterstützung der Waldameisen und zur Blütenbestäubung in der gesamten natürlichen Umwelt – führt kein Weg mehr vorbei. Die Natur muss nicht bekämpft, sondern in ihrer Vielfalt erhalten und bewahrt werden.

Die Kosten der Bienenhaltung

Dass Honigbienen einen hohen Nutzen haben, ist unbestritten. Doch die Bienenhaltung ist auch mit Investitionen verbunden.

Bis vor etwa 500 Jahren gab es noch keine Bienenhaltung durch den Menschen. Damals war das Nutzen der Honigbienen weitgehend auf das Entnehmen von Honig – und bei dieser Gelegenheit auch von Bienenwachs – aus wild lebenden Bienenvölkern üblich.

Langsam lernte der Mensch mit den Bienen umzugehen. Er schuf über einen längeren Zeitraum die Voraussetzungen dafür, dass die Honigbiene von einem unbeeinflusst lebenden Insekt zu einem nutzbaren (seit 1928) Haustier wurde. Die entscheidende Rolle beim Erlernen des effektiven Umgangs mit den gefragten Insekten spielte die Dorfintelligenz, in Gestalt des Pfarrers, des Dorfschulzen (Bürgermeister) und des Lehrers. Denn Honig war damals das einzige Süßungsmittel und das Wachs (neben dem Kienspan) unentbehrlich für die Beleuchtung während der dunklen Tageszeit, auch in den Kirchen.

Die Bedeutung von Rind, Schwein, Honigbiene und Huhn

Heute sind es vier Tierarten, die vom Menschen als unverzichtbar angesehen werden. Das hat seinen Grund vor allem darin, dass der Mensch seine Bedürfnisse immer weiter entwickelte und auch Gewinne in größeren Größenordnungen realisierte. Das detaillierte Hinterfragen der aktuellen Kosten der Tierhaltung im Bundesland Brandenburg erbrachte dann auch Angaben, die einerseits konkret sind und zugleich Tendenzen sichtbar machen, die als Probleme verstanden werden müssen und grundlegende Änderungen erfordern.

In der Rangfolge der Kosten stehen Rind, Schwein, Honigbiene und Huhn vor allen anderen von Menschen betreuten Tierarten, jedoch mit erheblichen Unterschieden. 2011 wurde der Bruttowert der Milcherzeugung mit 557 Millionen Euro und der Mutterkuhhaltung mit 43 Millionen Euro angegeben (insgesamt 600 Millionen Euro). Auf die Schweinehaltung entfielen 309 Millionen, auf die Geflügelhaltung 185 Millionen und auf die Honigerzeugung

10 Millionen. Euro. Dies ergibt für die Kühe 54,7 %, für die Schweine 28 %, für die Honigbienen 0,9 % und für die Hühner 16,8 %.

Die Leistungen der Honigbiene werden nur zu einem Teil erfasst

In der Antwort des Agrarministeriums auf die Frage nach dem Umfang und den realisierten Gewinnen aus der Tierhaltung sowie den Umfang staatlicher Förderung für die jeweiligen Tierhaltungsbetriebe wurde letztlich ausweichend reagiert.

Rind, Schwein und Huhn sind vom Menschen genutzte Tierarten, die einen darüber hinausgehenden Nutzen für die natürliche Umwelt vermissen lassen. Einzig die Honigbiene ist in der Aufzählung nicht mit dem „Makel“ behaftet, nur wenig für die Umwelt zu leisten. Sie wird nicht vom Menschen verspeist, sondern von anderen, nämlich von Insekten fressenden Lebewesen, die für ein gesundes, natürliches Lebensumfeld unabdingbar sind. Ihre Verdienste bestehen allerdings auch nicht nur in der vom Agrarministerium genannten Honigerzeugung. In der öffentlichen Wahrnehmung steht der Honigertrag in Höhe von durchschnittlich 20 kg pro Jahr im Vordergrund. Er macht allerdings nur 6,2 % des Nutzens der Honigbiene aus. Wie bei Rind, Schwein und Huhn, deren Biomasse vor allem für den Menschen und seine Haustiere von Bedeutung ist, ist auch die Biomasse der Honigbiene ein wichtiger Faktor. Mit der entscheidenden Einschränkung, dass die Biene nicht für die menschliche Ernährung genutzt werden kann, jedoch für die Ernährung von Insekten fressenden Lebewesen die entscheidende Rolle spielt. Unter diesen Lebewesen sind die Staaten bildenden Ameisenarten besonders wichtig.

Die durchschnittliche jährliche Leistung der Honigbiene pro Volk

Jedes Bienenvolk liefert jährlich eine Biomasse an sterbenden Bienen im Umfang von durchschnittlich 15,6 kg, mit einem Wert von 1 070 Euro (55,3 %). Damit wird den Bienen ihre dominierende Rolle als Nahrung anderer Lebewesen ebenso bestätigt wie die Rolle von Rind, Schwein und Huhn als Nahrung für den Menschen und die von ihm gehaltenen Mitgeschöpfe. Kein anderes Lebewesen verfügt über ein derartiges Potenzial. Der Wert des Honigertrages wird auch vom Wert der Blütenbestäubung von landwirtschaftlichen Kulturen sowie wild lebenden Blütenpflanzen, die ebenfalls auf die

Blütenbestäubung durch die Honigbiene angewiesen sind, übertroffen. Dieser Wert ist mit durchschnittlich 740 Euro (38,2 %) anzugeben und ebenso als ökologisch unverzichtbar zu bewerten. Diese beiden Leistungen der Honigbiene, die gemeinsam 91,5 % ihrer Leistung ausmachen, wurden in den statistischen Zahlen des Agrarministeriums nicht erfasst. Fünfzehn Jahre individuelle Bemühungen haben also noch nicht dazu geführt, die Rolle der Honigbiene zu erweitern.

Ihre Leistung als Produzent von Honig, Wachs, Pollen und Bienenbrot (Perga), Propolis (einem regelrechten Breitbandantibiotikum), Weiselfuttersaft (Gelée royale) und Bienengift für die Pharmaindustrie, aber auch als Bestäubungsinsekt für die überwiegende Mehrzahl der heimischen Blütenpflanzen und als Biomasse geht weit über den Nutzen aller anderen „Haustiere" des Menschen hinaus. An erster Stelle steht zweifelsfrei ihr ökologischer Nutzen als wichtigstes Insekt für die Befruchtung von Blütenpflanzen und als Biomasse für die sie umgebende Fauna. Die Honigbiene ist damit das Schlüssellebewesen für den Erhalt und die Wiederherstellung der heimischen Natur.

Mit der vorliegenden definitiven Bewertung des ökologischen Nutzens der Honigbiene sowohl als aktives Element (Blütenbestäuber) als auch als passives Element (Biomasse) wird zugleich eine bestehende Lücke in der Darstellung ihres Wertes verkleinert. Der Erkenntnis, dass der ökologische Nutzen der Biene weit über ihren Nutzen als Honigproduzent hinausgeht, sollten fundierte politische Entscheidungen zum Wohl der Allgemeinheit folgen.

Die Gesundheit der Bienen obliegt der Verantwortung des Menschen

Seitdem der Mensch die Biene als Nutztier zur Honigproduktion aus dem Wald geholt hat, ist er für ihre Gesundheit verantwortlich. Besonders die Faulbrut ist jährlich für den Tod großer Populationnen der Bienenvölker verantwortlich.

Gesund zu leben ist ein allseits angestrebtes Ziel

Wir möchten alle gesund leben, ohne Schmerzen erdulden zu müssen. Das gelingt nicht jedem. Krankheiten sind ungewollte Begleiter unseres Lebens. Kann dem Erkranken entgegengewirkt werden? Meine Honigkunden fragen häufig bei den individuellen Verkaufsgesprächen: „Was ist beim Älterwerden am wichtigsten?"

Meine Antwort lautet regelmäßig, dass dies drei Dinge sind: „Das Wichtigste beim Älterwerden ist körperlich aktiv zu bleiben." Mit der Begründung: „Wenn man den Hintern nicht mehr selbst abwischen kann, geht viel an persönlicher Würde verloren." An zweiter Stelle steht aus meiner Sicht, geistig aktiv zu bleiben. Mit der Begründung: „Es ist gleichgültig, wie Sie dies auslegen; ob Sie lesen, an Veranstaltungen teilnehmen, fernsehen oder sich anderweitig, auch körperlich, betätigen. Am besten ist es, wenn Sie Gespräche führen, sich mit anderen Menschen austauschen, auf die Äußerungen Ihres Gesprächspartners reagieren. Hier müssen Sie aktiv auf Ihren Gesprächspartner eingehen und auf das Gesprächsthema sachbezogen antworten. Und dazu müssen sie Ihre grauen Zellen aktivieren." Nachdem auch dies akzeptiert wurde, folgt häufig der Hinweis, drei Antworten angekündigt zu haben. Meine Antwort ist dann praktischer Natur, indem ich sage: „Atmen nicht vergessen." Meist lachen die Gesprächspartner über den Gag laut los und ich habe meinen Aufhänger, dass es für das individuelle Wohlbefinden wichtig ist, täglich mehrmals das Zwerchfell zu löcken.

Auch die Gesundheit der Honigbienen ist bedeutsam

Seit der Mensch Bienen aus den Wäldern entfernt und unter seine Fittiche genommen hat, ist er veranlasst, sich auch um deren Gesundheit zu kümmern, so wie er sich für die Gesundheit aller Pflanzen und Tiere verantwortlich fühlen sollte. Und ebenso wie es Humanmediziner gibt, die sich um die Gesundheit der Menschen bemühen, so sind die Veterinäre für die Erhaltung und Wiederherstellung der Gesundheit der Tiere zuständig. Auch die „grünen" Berufe haben ihre Aufgaben zu lösen. Man kann sich vorstellen, dass der Umfang von möglichen Erkrankungen des Menschen beträchtliche Dimensionen erreicht hat und ständig neue gesundheitliche Probleme hinzukommen, die allesamt berücksichtigt werden müssen. Bei den Tieren ist dies noch problematischer. Wenn Tiere erkranken, muss dies durch Menschen erkannt und müssen geeignete Maßnahmen ergriffen werden, um deren Gesundheit wiederherzustellen. Nur gesunde Bienen können die von ihnen zu erfüllenden Aufgaben – das Bestäuben von Blüten, das Sammeln von Nektar, Pollen, Propolis und das Einbringen von Wasser in ihr Volk, aber auch das Ausschwitzen von Wachs zum Bau der Waben – erfüllen. Innerhalb ihres Volkes produzieren sie aus dem gesammelten Nektar Honig und aus dem Blütenpollen Perga. Am Ende ihres Lebens kommt hinzu, dass die Bienen in erheblichen Mengen als Nahrung von Insekten fressenden Lebewesen genutzt werden. So entlässt jedes Bienenvolk in einer Saison ca. 15,6 kg sterbende Bienen als Nahrung für Vögel, Wespen, Spinnen, Schlangen, Kröten, Frösche, Bakterien, Pilze und andere Bodenorganismen. Eine umfangreiche Literatur befasst sich mit den gesundheitlichen Besonderheiten der Honigbiene, die als Haustier des Menschen eine stetig steigende Aufmerksamkeit erlangt hat.

Die Gefährdungen der Gesundheit der Biene sind vielfältig

In der Literatur sind Hunderte Beiträge zu den verschiedensten Erkrankungen der Biene in den zurückliegenden Jahrzehnten zusammengetragen worden. Herausragend sind vor allem Zeitschriften, die sich unter Berücksichtigung aktueller Entwicklungen um die Verbreitung neuester Erkenntnisse bemühen. Es sollte bedacht werden, dass auch die Natur Wege findet, um erfolgreich auf neue Belastungen zu reagieren. Eine der wichtigsten Publikationen über die Biene ist das *Lexikon der Bienenkunde*, das 1987 herausgegeben wurde. Nach nunmehr 27 Jahren erscheint es durchaus angemessen, eine Überarbeitung in Erwägung zu ziehen, um neue Gefährdungen der Gesundheit der Honigbiene in dieses grundlegende Nachschlagwerk aufzunehmen.

An einem Beispiel soll die Notwendigkeit dieser Aufgabe erkennbar gemacht werden.

Monitoring zur Amerikanischen Faulbrut

Das Veterinäramt im Landkreis Dahme-Spreewald hat im Sommer 2014 im Rahmen eines (Faulbrut-)Monitorings die Untersuchung aller Bienenvölker auf den Erreger der Amerikanischen Faulbrut (AFB) angewiesen. Im Ergebnis der amtlichen Abklärungsuntersuchung, bei der von 35 Bienenvölkern Futterkranzproben aus den Brutwaben untersucht werden sollten, wurde bei einem Teil dieser Völker *Paenibacillus larvae (ERIC 1)* nachgewiesen. Vermerkt wurde, dass *Paenibacillus larvae*, also AFB, nicht nachgewiesen wurde. Für den Laien heißt dies, dass eine Form der Amerikanischen Faulbrut isoliert werden konnte, die in der Folge zur Abtötung aller Völker der betroffenen Bienenstände führte. Der Tierarzt stellte bei der Untersuchung fest, dass der Imker bei dieser Form der AFB die Erkrankung seiner Bienen gar nicht feststellen kann, weil sie nicht riechen. Die befallenen Brutzellen werden von den Bienen nicht geöffnet. Die verendete Made oder bereits entwickelte Biene bleibt in der verschlossenen Zelle. Deshalb auch der fehlende unverkennbare Geruch der AFB. Diese durch einen Laborbefund manifestierte Erkrankung verzögert somit das Erkennen dieser Faulbrutform. Die Folge war die amtliche Abtötungsanweisung für alle Bienenvölker und detaillierte Bestimmungen zur Reinigung der Bienenwohnungen und Gerätschaften mit kochender dreiprozentiger Sodalösung sowie die Entseuchung. Bemerkenswert ist auch die Feststellung, dass in etwa zehn Bienenständen in Reichweite der betroffenen Bienenvölker keine Erkrankung nachgewiesen werden konnte. Im Imkerverein wurde auf den folgenden Mitgliederversammlungen ausführlich über die Situation berichtet, was im Weiteren fortgesetzt werden soll. Der Abschluss der zu lösenden Aufgaben ist in den folgenden Monaten zu erwarten und wird vom Veterinäramt überprüft. Die in kürzester Form dargestellte Erkrankung der Bienen, deren Verlangsamung über die Zwischenstufe *(ERIC I)* möglicherweise auch durch die Bienen selbst erreicht wurde, bekräftigt die Notwendigkeit, die Forschung zu intensivieren. In der Folge sollte es, wenn dies möglich ist, zu einer erweiterten Neuauflage des *Lexikons der Bienenkunde* führen. *Paenibacillus larvae (ERIC I)* gibt es in diesem Nachschlagwerk noch nicht.

Querbeet 13

Die Ursache von Pollenallergien bei Menschen

Eigentlich kann man das Problem der Pollenallergien kurz fassen. Da aber nach Informationen der Weltgesundheitsorganisation 80 Millionen Europäer unter einer Allergie leiden, sollten einige Fakten benannt werden. Außerdem soll das Anliegen der Humanmedizin aus der Sicht der Blüten bestäubenden Insekten betrachtet werden. Ein Zusammenhang mit der Bienenhaltung erscheint durchaus erwägenswert. Nach Informationen des Deutschen Allergie- und Asthmabundes, die als Patienteninformationen einer breiten Öffentlichkeit zur Verfügung stehen, nehmen asthmatische Erkrankungen zu. Litten vor 60 Jahren lediglich 5 % der Europäer unter Heuschnupfen, sind es heute 15 bis 25 %. Ein Viertel von ihnen ist an Asthma erkrankt, dem fast immer Heuschnupfen oder Nahrungsmittelallergien vorausgehen. Dass immer mehr und länger Pollen fliegen, hat mit der Klimaerwärmung zu tun. Aber auch damit, dass der Bestand an Blütenpflanzen wegen zurückgehender Bestäubung durch Insekten abnimmt und dadurch Windbestäuber begünstigt werden.

Mögliche Ursachen für Allergien

Pollenallergien haben ihre Ursache im Rückgang von blühenden Pflanzen, die durch Insekten bestäubt werden, und der Zunahme von Pflanzen, die durch Wind bestäubt werden. Für Nahrungsmittelallergien sind die industriell hergestellten, aller Ursprünglichkeit beraubten Lebensmittel verantwortlich. Die stärker ausgeprägte Anfälligkeit scheint auf eine Überzivilisation zurückzuführen zu sein. Alles regelnde Hygienevorschriften lassen nur wenige Keime übrig, an denen sich das Immunsystem stählen kann. Bauernkinder, Krippenkinder, Zweitgeborene, die sich in einer Welt voller Keime behaupten müssen, entwickeln weniger Allergien als ihre aseptisch aufgewachsenen Altersgenossen (NO-Ratgeber, 25.05.2004).

Betroffenen Allergikern wird geholfen

Zur Behandlung von allergischen Symptomen werden unter anderem Antihistaminika eingesetzt, die die Ausschüttung des Histamins unterdrücken. Die beschwerdelindernden Wirkungen treten bereits nach wenigen Minuten ein. Antihistaminika können bei akuten und chronischen Erkrankungen eingenommen werden und lindern vor allen Dingen den Juck- und Niesreiz sowie die vermehrte Nasensekretion. Sie können auch als Nasenspray oder in Form von Augentropfen Anwendung finden. Generell muss der Patient ausprobieren, welcher Wirkstoff ihm am besten hilft, da jeder Mensch auf die verschiedenen Wirkstoffe unterschiedlich reagieren kann.

Manchmal lindern Antihistaminika allein die Beschwerden nicht mehr vollständig. In solchen Fällen sollte auf jeden Fall die Lungenfunktion überprüft werden, um festzustellen, ob sich die Beschwerden schon auf die Atemwege ausgewirkt haben. Ist dies der Fall, müssen zusätzlich entzündungshemmende Medikamente (Cortison) inhaliert werden. Die Betroffenen reagieren aber auch auf die einzelnen Wirkstoffe unterschiedlich. So kann es sein, dass ein Antihistaminikum die Beschwerden lindert, ein anderes nicht so gut. Eine gute Behandlung der Symptome ist sehr wichtig, da es in 50 % aller Fälle ohne angemessene Therapie nach ca. acht Jahren zu einem Asthma bronchiale kommen kann. Die einzige wirksame Therapie ist die Durchführung einer Hyposensibilisierung (spezifische Immuntherapie). Die Behandlungserfolge hängen entscheidend von der Qualität der Allergiediagnostik ab, denn es muss natürlich mit dem tatsächlich beschwerdeauslösenden Allergen hyposensibilisiert werden. Auch die Dauer der Behandlung spielt eine Rolle. Bei der klassischen Form beträgt sie drei bis fünf Jahre. Der Behandlungserfolg kann bei Patienten mit vielen Allergien eingeschränkt sein. Außerdem spielt es eine Rolle, wie lange der Patient schon an einer Allergie leidet. Die Erfolgsquote bei Heuschnupfen-Patienten liegt bei ca. 80 %.

Pollenflugvorhersagen helfen beim Erkennen von Gefährdungen

Um einen Überblick über die Pollenbelastung zu erhalten und aktuelle Pollenflugvorhersagen zu erstellen, werden in dem meisten europäischen Ländern Pollenflugkalender geführt. Das Europäische Pollenflug-Netzwerk (EAN) hat diese gesammelt und ausgewertet. So wurden innerhalb von 30 Jahren (1974–2004) mehr als 20 000 Jahresberichte analysiert. Die Ergebnisse belegen eine Veränderung des Pollenfluges innerhalb der letzten Jahrzehnte in Europa. Die Blühperioden der Pflanzen beginnen immer früher und dauern auch länger an. Zusätzlich entsteht eine intensivere Pollenbelastung.

Der Blühbeginn und die Höhepunkte der Pollensaison haben sich bei Frühblühern (zum Beispiel Erle und Hasel) um etwa zwanzig Tage, in Richtung Jahresbeginn verschoben. Dies wird aber auch bei einigen Pflanzenarten beobachtet, die später im Jahr blühen. Roggen oder Graskrautpollen sorgen je nach Witterung oft schon im April für Beschwerden. Der Pollenflug beginnt nicht nur früher, sondern kann bei einigen Pflanzenarten auch länger andauern. Die Pollenbelastung wird durch die Anzahl der Pollen pro Kubikmeter Luft gemessen. Besonders bei Gräser- und Getreidepollen, Sauerampfer, Gänsefuß und Spitzwegerich wurde eine intensivere Pollenausschüttung gemessen.

Erderwärmung verändert den Pollenflug

Wissenschaftler vermuten, dass die globale Erderwärmung innerhalb der letzten 35 Jahre zu Veränderungen des Pollenfluges beigetragen hat. Innerhalb dieses Zeitraumes wurden auch über 80 % der natürlichen Vegetation verändert. Je nach Witterung muss schon im Januar mit unangenehmen Beschwerden gerechnet werden. Überaus milde Vorfrühlingstemperaturen und ungewöhnlich warme Winter sorgen für einen sehr früh einsetzenden Pollenflug. Trockenes, sonniges Wetter steigert die Pollenkonzentration.

Betroffene leiden unter ganz unterschiedlichen Symptomen, die in ihrer Ausprägung während der Heuschnupfenzeit starken Schwankungen unterliegen, da sie von der Pollenkonzentration in der Atemluft, aber auch von Temperatur, Witterung, Windverhältnissen, Gesundheitszustand und seelischer Verfassung des Patienten abhängen können. Außerdem können Schadstoffe in Ballungs- und Industriegebieten zu einer morphologischen und funktionellen Veränderung der Pollen führen und somit deren Allergenität erhöhen.

Honig für Pollenallergiker

Amerikanische Allergiespezialisten empfehlen Pollenallergikern einen täglichen Genuss kleiner Honigmengen, um so eine allmähliche Gewöhnung an den Allergie auslösenden Stoff zu erreichen. Dieser Honig sollte den betreffenden Pollen enthalten und nicht gefiltert oder erhitzt sein. Am besten und am sichersten erscheint es, persönlich Bienen zu halten und diesen Honig aus eigener Produktion zu verzehren oder ihn von einem Imker in der Nachbarschaft zu erwerben, um die erforderliche Desensibilisierung zu erreichen.

Importhonig aus dem Supermarkt ist für diesen Zweck völlig ungeeignet, weil er den betreffenden allergieauslösenden Pollen nicht enthält.

Querbeet 14

Alleen sind Kulturgut und prägende Landschaftselemente

Alleen sind Teil der Kulturlandschaft – vom Menschen im gleichen Alter in regelmäßigen Abständen gepflanzt, sind sie alles andere als natürlich. Trotzdem empfinden wir Menschen sie als einen schönen Teil der Natur, denn wo sonst lassen sich Bäume so ungestört betrachten. Sie sind frei gewachsen, zeigen Blütenreichtum wie die Kastanien, einen knorrigen Wuchs wie die Eichen oder eine herrliche Herbstfärbung wie der Ahorn. Alleen gliedern die Landschaft, besonders wenn diese sich weit und flach ausdehnt.

Der Alleenbestand wird für die Bundesrepublik (2003) auf 20 000 bis 25 000 Kilometer geschätzt. Führend sind dabei Brandenburg mit 12 000 Kilometer und Mecklenburg-Vorpommern mit 4 400 Kilometer. Nach 1945 wurden insbesondere im Westen Deutschlands geschätzte 50 000 Kilometer Alleen abgesägt, während sie in Ostdeutschland weitgehend erhalten blieben.

Die ökologische Bedeutung von Alleen beschränkt sich nicht nur darauf, dass sie Lebensraum für Tiere und Pflanzen sind. Sie sind außerdem Schadstofffilter, bieten Windschutz und beeinflussen das Kleinklima. Verschiedene Tierarten wie Vögel und Insekten leben auf den Alleebäumen oder im Wiesenstreifen zu ihren Füßen. Moose und Flechten besiedeln den Stamm. Alleebäume vernetzen außerdem Lebensräume wie Wiesen, Weiden und Wälder miteinander. Gasförmige und flüssige Schadstoffe sowie Stäube werden von Alleebäumen aus der Luft „gekämmt“. Man spricht hier von Kämmen, weil die Bäume mit ihren weitverzweigten Ästen und ihrem Blattwerk eine große Oberfläche bieten, an der sich Schadstoffe ablagern können. Nach dem Durchgang durch die Allee ist die Luft sauberer. An nebeligen Tagen lässt sich dieser Effekt besonders gut beobachten. Die Bäume „kämmen“ die kleinen Wassertropfen aus der Luft, unter ihnen regnen diese als große Tropfen herab. Mit dieser Reinigung holen Bäume zum Beispiel Rußpartikel und Stäube der Autoabgase aus der Luft. Alleen bieten angrenzenden Ackerflächen Windschutz. Die Bäume ragen hoch hinaus, sind aber gleichzeitig zwischen den Stämmen durchlässig. An einem Sommertag beschatten die Bäume die Straße, die Temperatur ist niedriger als auf dem freien Feld – nachts ist es genau umgekehrt, weil die Wärme durch das Blätterdach langsamer abstrahlt (Bund für Umwelt und Naturschutz Deutschland, 2004).

Grüne Tunnel – Lebensadern

Im Rahmen einer Alleentagung von BUND-Landesverbänden am 21.10.2009 in Potsdam-Herrmannswerder (der Autor nahm als Obmann für Bienenweide und Ameisenhege des Landesverbandes Brandenburgischer Imker an der Tagung teil) analysierte Prof. Peters von der Hochschule für Nachhaltige Entwicklung Eberswalde, dass etwa 17 000 grüne Alleen-Kilometer die Landschaft Brandenburgs, Mecklenburgs und Sachsen-Anhalts prägen. Statistisch wurden die Alleebaumarten für den Landkreis Barnim analysiert. Insgesamt 29 Hauptbaumarten wurden nach der jeweiligen Alleenlänge dargestellt. An der Spitze stehen die Winterlinde mit etwa 40 % und der Spitzahorn mit etwa 28 %. Weitere Hauptbaumarten, die als Bienenweide einen besonderen ökologischen Wert haben, sind hier in der entsprechenden Reihenfolge genannt: Bergahorn, Rosskastanie, Kulturapfel, Süßkirsche/Wilde Vogelkirsche, Holzapfel, Sommerlinde, Holländische Linde, Apfel, Krim-Linde, Robinie, Wildbirne, Weide, Kulturpflaume, Rotblühende Rosskastanie, Sauerkirsche und Weichsel. Bedauerlicherweise gibt es hier noch keine Allee der Duftraute, deren Blühzeit im Juli für alle (!) Insekten eine ergiebige und relativ späte Tracht ermöglicht.

Windschutzstreifen zu „ökologischen Riegeln" gestalten

Ähnlich den Alleen, die an Straßen gepflanzt wurden und hier biologische, aber auch ästhetische Wirkungen entfalten, erfüllen Windschutzstreifen weitergehende spezifische Aufgaben außerhalb der von Menschen genutzten Straßen. Vordergründig ging es bei ihrer Gestaltung darum, einer Erosion der oberen fruchtbaren Bodenschicht durch Eis, Wasser oder Wind entgegenzuwirken und dadurch zum Beispiel Ernteverluste zu minimieren. Beim Anlegen dieser Streifen wurden meist einheimische Bäume und Sträucher gepflanzt. Nach dem Anwachsen können diese Anpflanzungen ihrer natürlichen Entwicklung überlassen werden und bedürfen keiner weiteren aufwendigen Pflege.

Dafür entstand langsam ein eigenes Mikroklima, weil im Schatten der

Pflanzen Regenwasser langsamer verdunstet und dadurch den Pflanzen länger zur Verfügung steht. Als Erstes siedelten sich Bodenlebewesen an. Später, als die Sträucher ihrem Namen gerecht wurden, kamen nestbauende Singvögel hinzu, bis endlich, meist nach mehreren Jahrzehnten, auch wieder Horstbäume für Greifvögel entstanden. Denn landwirtschaftliche Flächen wurden durch Roden der Wälder gewonnen und Lebensraum von Kleinlebewesen gleich mit beseitigt. Die für die ökologischen Riegel vorgesehenen Baum- und Straucharten sollten so ausgewählt werden, dass sowohl Nahrung für die vorhandenen Insektenarten während der Sommersaison in üppiger Fülle zur Verfügung steht als auch Beeren oder Baumfrüchte für die in unseren Breiten überwinternden Arten in der erwünschten Mischung und in der erforderlichen Menge vorhanden sind.

Natürlichen Gegenspielern eine Chance geben

Begleitet werden sollte dies mit der analogen Anpflanzung der ausgewählten Strauch- und Baumarten im Forst, damit die Singvogelarten auf einer größeren Fläche als in der Gegenwart auch in den Wäldern überwintern können. In diesem Sinne geht es darum, den natürlichen Gegenspielern der sogenannten Schadinsekten zielstrebig neue Chancen einzuräumen beziehungsweise diese dort zu schaffen und auszugestalten, wo es sie gegenwärtig nicht oder noch nicht wieder gibt. An der Spitze dieser natürlichen Gegenspieler stehen die Hügel bauenden Waldameisenarten. Ökologische Riegel unterscheiden sich von Windschutzstreifen dadurch, dass sie vor allem den natürlichen Gegenspielern von Schadinsekten bestmögliche Lebensbedingungen gewährleisten sollen. Dabei geht es nicht um die Beseitigung im Sinne von „Vernichten“, sondern darum, biologische Vielfalt im Sinne der Erhaltung der im jeweiligen Gebiet natürlicherweise vorkommenden Arten zu ermöglichen und auf die Anwendung von „Pflanzenschutzmitteln“, letztlich Umweltgiften, zu verzichten.

Querbeet 15

Waldameisen und Honigbienen – unverzichtbar für die Natur

In der *Nationalen Strategie zur biologischen Vielfalt* vom 07.11.2007 informierte das Bundesministerium für Umwelt, Naturschutz und Reaktorsicherheit:

- Die Menschen teilen die Welt mit vielen anderen Lebewesen.
- In einer Handvoll normalem Boden leben fast genauso viele Organismen wie Menschen auf der Erde leben.
- Es gibt ca. 10 000 Billionen Ameisen, die zu 9 500 Ameisenarten gehören und insgesamt etwa gleich viel wiegen wie alle Menschen auf der Welt (ca. sechs Milliarden) zusammen.
- Die Natur liefert Leistungen, die ohne sie mit erheblichem Aufwand und zu sehr hohen Kosten technisch gelöst werden müssten: Je intakter die Selbstreinigungskräfte der Böden und Gewässer, desto einfacher und kostengünstiger ist die Gewinnung von Trinkwasser. Je größer die natürliche Fruchtbarkeit, desto weniger Dünger muss aufgebracht werden. Je stärker die Begrünung der Innenstädte, desto mehr Stäube und Schadstoffe werden auf natürlichem Wege aus der Luft gefiltert. Technisch überhaupt nicht zu leisten ist ein Ersatz für die Bestäubung der Kulturpflanzen durch Insekten.
- Aus ethischer Sicht besteht die Verpflichtung, möglichst die gesamte noch vorhandene biologische Vielfalt zu erhalten.
- In Deutschland kommen ca. 9 500 Pflanzen- und Pilzarten und ca. 48 000 Tierarten (insgesamt etwa 4 % des Weltbestandes der bisher bekannten noch lebenden Fauna) vor.
- Auch in Zukunft nach geltendem Gentechnikrecht keine Zulassung von gentechnisch veränderten Organismen mit Auskreuzungs-, Verwilderungs-, Etablierungs- oder Ausbreitungspotenzial, die für die natürliche biologische Vielfalt wildlebender Pflanzen insbesondere in Zentren ihres Ursprungs oder ihrer Vielfalt eine Gefahr erwarten lassen.
- Ein verantwortungsbewusstes Verhalten der deutschen Wirtschaft und der Verbraucher kann wesentlich zur Erhaltung der biologischen Viel-

falt weltweit beitragen und so Risiken, die die Globalisierung für die biologische Vielfalt weltweit mit sich bringt, entgegenwirken.

Die Honigbiene wird in der *Nationalen Strategie* nicht erwähnt. Mir scheint, dass die Autoren von den Leistungen der Honigbiene, inklusive der technisch innovativen Entwicklung, bisher nichts gehört haben. Weder vom Wabenbau, der in vielfältigster Form und mit unterschiedlichstem Nutzen seit Jahrtausenden von Menschen nachempfunden wird, noch von den anderen Fähigkeiten der Biene, die sich aus ihren vielfältigen Produkten, zum Beispiel Propolis, ergeben. Außerdem gibt es weitere als innovativ zu bewertende Erzeugnisse, die über den Rahmen der technisch innovativen Entwicklung hinaus wirken: ernährungsphysiologisch (Honig, Pollen, Perga) und medizinisch (Honig, Propolis, Bienengift, Bienenwachs). Nicht zu vergessen die Wirkung der Honigbiene auf ihre Umwelt durch Blütenbestäubung (aktiv) und als Nahrungskomponente Protein (passiv). Es mag ein Lapsus sein, aber er ist unverzeihlich.

Im Kapitel „Beschäftigungspotenzial der biologischen Vielfalt" der *Nationalen Strategie* wird die Anzahl von Beschäftigten auf den verschiedenen Gebieten belegt und darauf hingewiesen, welchen ökonomischen Wirtschaftsfaktor diese repräsentieren. Es genügt, ein einzelnes Beispiel wahllos herauszugreifen: „Die 3,5 Millionen Angler in Deutschland geben pro Jahr über drei Milliarden Euro aus und sichern damit 52 000 Arbeitsplätze." Honigbiene? Honig? Imker? Wie es scheint, ist ein derartiger Effekt bezüglich Imkerei unbekannt. Im abschließenden Teil dieses Kapitels heißt es: „Die genannten Daten zeigen, dass von Schutz und nachhaltiger Nutzung biologischer Vielfalt außerordentliche ökonomische Effekte mit sehr positiven Auswirkungen auf den Arbeitsmarkt ausgehen … Mit der konsequenten Umsetzung dieser Strategie zur biologischen Vielfalt durch alle angesprochenen Akteure wird auch ein bedeutsamer Beitrag zur Verbesserung der Standortbedingungen und zur Erhaltung und Schaffung von Arbeitsplätzen in Deutschland geleistet." (Ebd., S. 100)

Da die Honigbiene, der Honig und die Imker nicht zu den angesprochenen Akteuren gehören und keinerlei Erwähnung fanden, steht wohl eine bestimmte, mir unbekannte Absicht dahinter. Meine detaillierten Berechnungen zur sozialen Wirkung entsprechender politischer Entscheidungen, ebenfalls in Milliardenhöhe wie bei den Anglern, können nachgelesen werden. Beispielsweise sei erwähnt:

Die Produktion von Imkereiausrüstung schafft Arbeitsplätze. Diese Produktion durch gewerbliche Betriebe ist mit durchschnittlich 1774 Euro pro Neuimker zu bewerten. Für einen Mindestbesatz von vier Bienenvölkern pro Quadratkilometer können also insgesamt 2,74 Milliarden Euro erwartet werden. Beim Aufbau von durchschnittlich fünf Bienenvölkern pro Quadratkilometer steigt diese Zahl auf 3,42 Milliarden Euro. Bei einer theoretischen Substitution der Honigimporte durch eine eigene Honigproduktion mit elf bis zwölf Bienenvölkern pro Quadratkilometer könnte sie gar auf über 7,8 Milliarden Euro ansteigen. Ein Anreiz dafür, bedeutend höhere Zahlen an Bienenvölkern zu realisieren, wäre die Finanzierung der Bienenhaltung. Im Frühjahr und im Herbst (wenn, wie ein Sprichwort besagt, die Küken gezählt werden) sollte der Imker für jedes von ihm betreute Bienenvolk vergütet werden. Und wenn diese Vergütung in einer vernünftigen Höhe von 10 % ihres ökologischen Nutzens – also mit jeweils 100 Euro im Frühjahr und im Herbst – erfolgt, wird sich mancher naturverbundene Mitbürger motivieren lassen, im Interesse der Allgemeinheit und im Interesse der Erhaltung der natürlichen Umwelt selbst Bienen zu halten. Dieser Vorschlag zur Vergütung der Bienenhaltung orientiert sich auch an den politischen Zielen der CDU, die Einkommenssituation im ländlichen Raum zu verbessern.

Querbeet 16

Aufgaben der Waldameisen in der Natur

Bereits vor Jahren wurde darauf verwiesen, dass die vom Bundesministerium für Umwelt, Naturschutz und Reaktorsicherheit erarbeitete *Nationale Strategie zur biologischen Vielfalt* mit der Honigbiene nichts am Hut hat. Heute wird diese Aussage erweitert auf das Buch *Ökologie und Umweltschutz* von Gerd Brucker. Bei dieser Gelegenheit erinnere ich mich daran, dass es Veröffentlichungen zu den Untersuchungen gab, die zeigten, dass sich das Vorhandensein von Blattläusen negativ auf das Baumwachstum auswirke. In keiner der Publikationen wurde aufgezeigt, dass Honigbienen, Waldameisen und Blattläuse jene Lebewesen in der Natur sind, die durch ihre in der Natur zu spielende Rolle einen natürlichen Kreislauf gegenseitiger Förderung (und Abhängigkeit) belegen. Das Erkennen der herausragenden Rolle, die die genannten Staaten bildenden Insekten spielen, ist eine erneute Gelegenheit, um Aufmerksamkeit zu bitten.

Honigbienen sind eine wichtige Nahrungsquelle

Es gibt nicht den geringsten Anlass, auf ihre Leistungen in der Natur zu verzichten. Nehmen Sie sich, verehrte Leser, etwas Zeit und beobachten Sie jetzt, während der kälter werdenden Tage, in welcher Anzahl Singvögel in Ihrem Blickfeld leben und wo diese ihre Nahrung suchen und finden. Sie werden verblüfft sein, wie rasch die Vögel am Baumstamm, an den Zweigen und auch am Boden unter den Bäumen und Sträuchern Nahrung aufnehmen. Dies sind im Winter zwar keine Honigbienen und auch keine Ameisen, dennoch finden die Vögel bei ihrer Nahrungssuche Insekten oder deren Überwinterungsstadien. Während der Sommermonate, in ihrer aktiven Phase, spielen Blattläuse, Ameisen und auch Honigbienen, insbesondere wegen ihrer großen Volksstärken, eine herausragende aktive Rolle. Besonders die Hügel bauenden Waldameisenarten, zum Beispiel die Kahlrückige Waldameise *(Formica polyctena)*, benötigen für ein mittelstarkes Volk von April bis Oktober 10 000 000 Insekten als Nahrung – und dies auf einer Fläche von etwa einem Hektar. Während Blattläuse den Energiebedarf der Ameisen in Form ihrer Zuckerausscheidungen weitgehend decken, sind Honigbienen mit ihrem hohen

Masseumsatz bedeutsame Eiweißquelle der Ameisenbrut. Jedes Bienenvolk liefert jährlich durchschnittlich 15,6 kg sterbende Bienen als Eiweißnahrung für Insekten fressende Lebewesen. Jeder Versuch, Blattläuse oder Ameisen, weil sie als störend empfunden werden, mittels Gift zu beseitigen, bedeutet zugleich auf natürliche Verbreitung und Erhalt der Arten zu verzichten.

Schutz landwirtschaftlicher Kulturen vor Insektenfraß durch Ameisen

Als räuberische Jäger ernähren sich die Hügel bauenden Waldameisen innerhalb einer maximalen Reichweite von ein paar Dutzend Metern. Sollen Agrarflächen durch Ameisen geschützt und deshalb auf die Anwendung von Pflanzenschutzmitteln, letztlich Umweltgiften, verzichtet werden – was objektives Erfordernis ist –, muss in konzertierter Aktion um die Herstellung eines natürlichen Gleichgewichtes zwischen den Arten gerungen werden. Biologischer Pflanzenschutz bedeutet generell, beim Schutz landwirtschaftlicher Kulturen vor Insektenfraß auf chemische Mittel zu verzichten und auf die natürlichen Gegenspieler der unerwünschten Insekten zu setzen. Es ist aus gegenwärtiger Sicht die einzige Möglichkeit, zu einer ausgewogenen biologischen Vielfalt zurückzukehren. Bereits hier ist ein wesentlicher Aspekt des Konzeptes erkennbar: kein Gift gegen „Schädlinge" einzusetzen, sondern ihre Gegenspieler, insbesondere Ameisen, zu unterstützen, bis ein natürliches Gleichgewicht zwischen den Arten wiederhergestellt ist.

Honigbiene und Waldameise bewahren das Gleichgewicht

Die flächendeckende Wiederansiedelung von Honigbienen im Wald kann ihre dauerhafte Nutzung als Eiweißkomponente der Ameisennahrung ermöglichen und dazu beitragen, die Anzahl der Ameisenvölker und ihre Stärke zu erhöhen. Honigbienen und Ameisen sind die wichtigsten Lebewesen auf der Erde in Bezug auf den Erhalt der natürlichen Umwelt. Die erforderlichen Bedingungen, aber auch die zu lösenden Probleme bedürfen der Erforschung. Die in diesem Zusammenhang gewonnenen Erkenntnisse wiederum könnten dazu beitragen, einem extremen Insektenbefall, wie etwa nach Sturmschäden, auf natürliche Weise zu begegnen: indem die vordem genutzte Eiweißquelle der Ameisen – die Honigbiene – zeitweilig aus dem betroffenen Gebiet entfernt wird. Nicht um Gift gegen zu erwartende Forstschädlinge einsetzen zu können, sondern um die Ernährung der Ameisen auf das zu erwartende Schadinsekt zu lenken. Eine Abwanderung der Bienenvölker, die fast nur noch in menschlicher Obhut leben, ist verhältnismäßig unproblematisch realisierbar.

Agrarflächen auf die Bedürfnisse der Waldameisen unter Berücksichtigung ihrer Reichweite von wenigen Dutzend Metern auszugestalten, heißt nichts anderes, als die bestehenden großen Agrarflächen so zu zergliedern, dass diese von den Waldameisenarten auch geschützt werden können. Dieses Zergliedern dient ausschließlich dem Zweck der flächendeckenden natürlichen Ansiedelung der Ameisenarten durch Anlegen von Baum- und Strauchreihen als ökologische Riegel. Diese können unterbrochen sein und Durchlässe und Wendemöglichkeiten für die Agrartechnik enthalten. Die einzige Bedingung für das Nutzen von Ameisen zum Reduzieren der sogenannten „Schadinsekten" besteht darin, dass die ökologischen Riegel mit einem Zwischenraum von etwa 100 Metern angelegt werden, um einen nahezu flächendeckenden Besatz mit den verschiedenen Ameisenarten zu ermöglichen.

Der entscheidende Nachteil besteht darin, dass Bäume und Sträucher eine längere Zeit benötigen, um hoch zu wachsen und damit zum Lebensraum für Ameisen, Kleinsäuger, Singvögel und andere Insekten, auch Bodenlebewesen, zu werden. Ameisen in den ökologischen Riegeln anzusiedeln, ist offenbar kein Problem und kann durch Mitglieder der Deutschen Ameisenschutzwarte realisiert werden. In den Jahren 1985 bis 2012 erfolgten 5 330 Not- und Rettungsumsiedelungen von Waldameisenvölkern in Deutschland, wobei in Bayern mit 1 974 Umsiedelungen 37 % aller Umsiedelungen realisiert wurden. In Brandenburg erfolgten 888, in Niedersachsen 654, in Nordrhein-Westfalen 459 und in Hessen 444 Rettungsumsiedelungen. Bei den Ursachen für die Umsiedelung von Ameisen stehen Belästigung der Anwohner (23,2 %), Straßenbau (20,6 %) und Wohnhausbau (17,8 %) an der Spitze (Fleischmann, 2013). Der Vorteil der Nutzung der Waldameisen als natürliche Vertilger zahlloser Insekten besteht im Verzicht auf die Anwendung von Umweltgiften in Form von Pflanzenschutzmitteln und in der Unterstützung des natürlichen Potenzials der biologischen Vielfalt.

Querbeet 17
Honigbienen als wichtige Nahrungskomponente

Diese Feststellung, dass Honigbienen eine wichtige Nahrungskomponente für insektenfressende Lebewesen sind, ist eine neue, immer noch weitgehend unbekannte Bewertung des Nutzens der Honigbiene aus ökologischer und ökonomischer Sicht. Der zu beobachtende Rückgang von Pflanzen- und Tierarten kann bei aktivem Handeln verzögert, wenn nicht gar gestoppt oder für einzelne noch vorhandene Arten in der Tendenz umgekehrt werden. Der Erfolg versprechende Weg ist prinzipiell der flächendeckende Besatz mit Honigbienen auf dem Territorium des Landes. Aber welche Bedeutung hat dies zum Beispiel für die Hügel bauenden Waldameisen?

Waldameisenvölker entwickelten sich, wie Wissenschaftler ermittelten, während Insektengradationen, also dem massenhaften Auftreten von „Forstschädlingen", progressiv. Und nach dem Abklingen des Gradationsgeschehens gingen die Ameisenvölker in der Anzahl der Kolonien und ihrer Stärke wieder zurück auf ihr zu niedriges Ausgangspotenzial, mit dem die Gradation nicht verhindert werden konnte. Der Einfluss der Waldameisen auf das Gradationsgeschehen war damit belegt. Es konnte geschlussfolgert werden: Wenn die Ameisen derart sensibel auf den Rückgang ihres Nahrungsangebotes reagieren, dann erscheint es sehr wahrscheinlich, dass dies ebenso bei allen anderen Pflanzen und Tieren in der freien Natur sein kann. Nahrung ist das entscheidende Regulativ für den Erhalt der jeweiligen Art. Bei der Betrachtung der Nahrungszusammensetzung der Ameisen wurde schnell klar, dass die Eiweißkomponente Insektennahrung (Proteine) für die Aufzucht der jungen Brut entscheidend ist, ähnlich der Bienenbrut, bei der Proteine in Form von Blütenpollen genutzt werden. Ebenso wurde erkennbar, dass Kohlenhydrate aus Blütennektar und Honigtau die entscheidenden Energiespender für die Adultformen, Imagines genannt, von Bienen und Ameisen sind.

Die ökologische Bedeutung der Honigbiene und ihr ökonomischer Wert

Während über den Wert der Honigbiene als Blüten bestäubendes Insekt weitgehend Einigkeit herrscht, ist es mit dem Bestimmen der zweiten Komponente, ihrem Wert als Biomasse, etwas komplizierter. Diese Aufgabe zu lösen ist objektiv erforderlich. Der Kunde, der Bienen erwerben will, wendet sich an einen Imker, der Bienen verkauft. Der dabei zu zahlende Preis ist marktüblich. Ob es dem Imker gefällt oder nicht, seine Bienen sind zugleich Blütenbestäuber und Nahrung von Insekten fressenden Lebewesen. Gartenanlagen und auch manche Hausgärten verfügen in den Ortschaften oder in deren Nähe über ein nutzbares Angebot an blühenden Pflanzen. In freier Natur allerdings fehlen Bienen und in der Tiefe des Waldes auch Singvögel. Der Mangel an Bienen außerhalb von Ortschaften ist den jeweiligen Landbesitzern anzulasten. Für diese entstandene Situation trägt die Regierung eine unbestreitbare Verantwortung. Sie hat Gesetze für eine flächendeckende Bienenhaltung zu formulieren und durchzusetzen. Wer Bienen erwerben will, sollte sich immer als Erstes an den Imker in der Nachbarschaft wenden, der die einheimische Carnica nutzt, ehe er in die Ferne schweift. Bienenimporte wurden wegen der Gefahr des Einschleppens von Bienenkrankheiten gesetzlich unterbunden. Bienen haben längst einen bezifferbaren Preis. Da dieser für ein Vollvolk etwas hoch erscheint, bietet es sich an, einen erzielbaren Durchschnittspreis zugrunde zu legen. Der Kunstgriff besteht darin, kleine und somit preiswertere Volkseinheiten oder nackte Bienen (Schwarm oder Kunstschwarm ohne Waben) anzubieten. Der Annoncenteil der *Allgemeinen Deutschen Imkerzeitung* 5/2004 enthält u. a. folgende Verkaufsangebote für Bienen: Kunstschwarm von 1,5 kg: 107 Euro, ab 10 St.: 105 Euro, ab 20 St.: 99 Euro. Häufig wird mit dem Verkauf von Bienenvölkern zugleich gesichert, dass ein Restvolk mit offener Brut in der ehemaligen Beute verbleibt und damit die Basis für einen neuen Ableger bildet, der selbst eine neue Weisel aufzieht.

Die Eiablagerate der Weisel bestimmt die Stärke des Bienenvolkes

Bei der Eiablage durch die Bienenkönigin wird eine bestimmte Brutnestordnung eingehalten. Die Anzahl der an einem Tag abgelegten Eier ist unter anderem von der Jahreszeit, der Stärke und dem inneren Zustand des Bienenvolkes abhängig. Sie kann einige wenige im Monat Februar betragen und sich zu Spitzenzeiten – also Anfang bis Mitte Juni – auf etwa 2 000 steigern. Zur Zeit der Frühjahrsentwicklung beläuft sich die Zahl der täglich produzierte Eier einer Weisel auf ungefähr 1 200 Stück. Eine weitere Zunahme ist möglich, in der Regel werden aber von einer Weisel nicht mehr als 2 000 Eier pro Tag gelegt. Die jährliche Eiablagerate wird mit 112 000 bis 200 000 angegeben. Sie schwankt demnach erheblich und ist von Alter und Zustand der Weisel, dem Pflegezustand des Bienenvolkes, der zur Verfügung stehenden Tracht, der Witterung, dem Klima, der Bienenrasse, der Anzahl freier Brutzellen und von genetischen Faktoren abhängig (Hüsing und Nitschmann, 1987). Die hier genannten Zahlen bildeten die Grundlage für die These, dass ein Bienenvolk jährlich 11,2 bis zwanzig kg Biomasse produziert (Mittelwert 15,6 kg). Das heißt, dass ein Vollvolk unter günstigen äußeren Bedingungen bis zu zwanzig kg Biomasse pro Jahr produzieren kann. Fünf weitere Wissenschaftler werden mit abweichenden Auffassungen zitiert. Bis zu 5 200 Eier pro Tag sollen beobachtete Königinnen gelegt haben. Es soll nicht angezweifelt werden, dass so hohe Eizahlen bei besonders legelustigen Königinnen, besonderen imkerlichen Triebmethoden und sonstigen günstigen Umständen an manchen Tagen vorkommen können, die Regel dürfte es aber nicht sein, vor allem unter mitteleuropäischen Verhältnissen. Rassenmäßige und individuelle Eigenschaften dürften die Unterschiede erklären. Welch große Leistungen das sind, kann man daran ermessen, dass 1 500 Eier dem Körpergewicht der Königin nahezu gleichkommen. Wenn also eine Königin am Tag 3 000 Eier absetzt, erzeugt sie das Doppelte ihres Eigengewichtes in Form von Eiern. Schon vor langen Jahren hat Leuckard (1868) berechnet, dass eine Bienenkönigin im Jahr so viel Eimasse erzeugt wie ein Huhn, das an jedem Tage zwanzig Eier legt, oder „eine Frau, die an einem Tage drei bis vier Kinder zur Welt brächte." Die vorgenannten Beispiele gestatten es, jene Angaben zu nutzen, die in das *Lexikon der Bienenkunde* Eingang gefunden haben. Damit wird zugleich gesichert, dass bei der Beurteilung des Leistungsvermögens einer Bienenkönigin eher zurückhaltende Werte für weiterführende Berechnungen herangezogen werden. Über dem Durchschnitt liegende Werte, die auf besonders günstige äußere Bedingungen zurückzuführen sind, blieben unbeachtet.

Querbeet 18

Ein Ameisenvolk beschützt einen Hektar Fläche

Genau genommen ist die Überschrift dieses Beitrages etwas abstrakt, weil sie so gemeint ist, dass Ameisen aus menschlicher Sicht „Forstschädlinge" erbeuten und dadurch diese unerwünschten Insekten dezimieren und den Wald oder einzelne Bäume gesund erhalten. Die Ameisen erfüllen mit dieser Tätigkeit zwar eine aus menschlicher Sicht erwünschte Funktion, doch ihr eigentliches Interesse liegt natürlich darin, die in ihrem Lebensumfeld vorhandene Nahrung für ihr Volk zu nutzen. Wo der Wald stirbt, werden auch die Honigtauinsekten vernichtet, die wichtigste Nahrungsquelle der Ameisen. Nach Wellenstein (1952) setzt sich der Speiseplan der Hügel bauenden Waldameisen zusammen aus 62 % Honigtau und Blütennektar, 33 % Insekten, 4,5 % ausfließenden Baum- und Pflanzensäften sowie größere Tierleichen und 0,5 % Hutpilzen und Pflanzensamen.

Die definitive Feststellung, dass ein mittelgroßes Volk der Kahlrückigen Waldameise von April bis Oktober ca. 10 000 000 Insekten vertilgen kann, lässt zunächst erkennen, dass dies alle Insektenarten betrifft, die im Laufbereich dieses Ameisenvolkes erbeutet werden können, macht aber zugleich den Zweifel deutlich, ob auf dieser Fläche der genannte Nahrungsbedarf überhaupt gedeckt werden kann. Im Sammeln von Nahrung liegt ihr präventiver Waldschutzeffekt. Kalamitäten, die auf einseitige forstliche Maßnahmen zurückzuführen sind, kann auch die Waldameise nicht verhindern. Frucht- und traubenzuckerhaltige Grundnahrung erhalten die Ameisen von zahlreichen Honigtauinsekten. Die kleinen Blattläuse stechen die Leitungsbahnen der Bäume durch die Rinde an und entnehmen hochwertige Baumsäfte. Nach Umwandlung dieses Siebröhrensaftes (zum Teil in Frucht- und Traubenzucker) wird der Honigtau ausgeschieden und von Ameisen, Bienen und 250 weiteren im Wald lebenden Insektenarten aufgenommen. Der Imker erntet auf diese Weise hochwertigen Waldhonig. Mindestens 74 Arten dieser kleinen Honigtauinsekten werden durch die Ameisen gepflegt und beschützt.

Der Verdrängung der Honigbienen aus dem Wald folgte der Rückgang von Ameisen

Aufgrund des breiten Nahrungsspektrums der Ameisen blieben die Folgen der Verdrängung der Bienen aus dem Wald und der Rückgang des Bestandes der Hügel bauenden Waldameisenarten lange Zeit unbemerkt. Erst durch das Auftreten von Insektenkalamitäten im Wald wurde die Notwendigkeit erkannt, die Waldameisen zu schützen. Das ist belegt durch:

a) einen Befehl Seiner Exzellenz des Ministers, Herrn Graf von Arnim, vom 05.09.1792 an die Kurmärkischen, Neumärkischen und Pommerschen Forstmeister sowie die Hinterpommerschen Forste, der besagt „... dass das Sammeln der Ameisenpuppen und Zerstören der Ameisenhaufen in den Forsten bis auf weitere Verfügung unterbleiben sollte ... man nahm wahr, dass die Kienbäume im Raupenfraß, woran Ameisenhaufen waren und isoliert standen, grün geblieben und von dem Raupenfraß verschont waren."
b) die im Namen seiner Majestät des Königs im Jahr 1839 an sämtliche Polizei- und Forstbehörden von Mittelfranken ergangene Bekanntmachung zur Schonung der Insekten fressenden Vögel und der übrigen Feinde der Raupen, vorzüglich der Ameisen, wegen der Schädigung der Wälder durch die Raupe der Nonne.

An dieser Stelle ist schon einmal darauf zu verweisen, dass die Anwendung von Chemie gegen die „Schadinsekten" nicht in Erwägung gezogen wurde. Diese Praxis entstand erst nach dem Zweiten Weltkrieg.

Der Schutz von landwirtschaftlichen Kulturen vor Schadinsekten

Auch Agrarflächen können ohne Anwendung von „Schädlingsbekämpfungsmitteln" vor Fraßschäden durch Agrarschädlinge geschützt werden. Die entscheidenden Faktoren heißen: kleinflächiger Anbau und ein striktes Verbot von Chemie. Dies ist noch einmal ausdrücklich zu bekräftigen. Auch die Forstwirtschaft hat „Schädlingsprobleme", und ebenso wie im Wald durch Mischung der Baumarten die Anwendung von Chemie überflüssig gemacht wird, ist dies auch in der Agrarlandschaft denkbar. Das dafür vorgesehene Konzept lautet, ökologische Riegel mit 100 Meter großen Zwischenräumen in der Agrarlandschaft zu gestalten. Das Zergliedern der großen Schläge mittels Kraut-, Strauch- und Baumreihen schafft einen Lebensraum für zahlreiche Pflanzen und heimische Tierarten und ermöglicht zugleich den Schutz der landwirtschaftlichen Kulturen durch Hügel bauende Waldameisen, die natürlichen Gegenspieler von „Schadinsekten". Mit Umweltgiften lässt sich die Natur in ihrer biologischen Vielfalt nicht erhalten. Zur Eröffnung der „Grünen Woche" in Berlin im Jahr 2011 hat EU-Agrarkommissar Dacian Ciolos ökologische Forderungen formuliert, die dazu geeignet sind, den bedeutsamsten Staaten bildenden Insekten eine erheblich höhere Aufmerksamkeit zukommen zu lassen. Er forderte, 7 % der Agrarflächen umzuwidmen und der Natur in Form von Hecken, Wiesen oder Waldflächen zurückzugeben. Geplant ist auch ein „Ökologisierungszuschlag" in Höhe von 30 % der Direktzahlungen. In Anspruch nehmen kann diesen Zuschlag, wer besonders umweltschonende Verfahren einsetzt, zur Erhaltung der Landschaft beiträgt oder sich der Erhaltung von Dauergrünland verpflichtet. Das sei besonders klimaschonend, denn im Humus sind große Mengen an Treibhausgasen gespeichert, die beim Umpflügen wieder frei werden. „Damit möchten wir Landwirte auffordern, die Biodiversität zu erhalten, aber auch Produzenten ermutigen, diese zu nutzen. Wir müssen uns darauf konzentrieren, dass unsere Lebensmittel auf einer nachhaltigen Landwirtschaft basieren. Die europäische Agrarpolitik ist nicht nur eine Politik für die Landwirte, sondern für die gesamte Bevölkerung der EU" (Damm, 21./22.01.2012). Der Agrarminister Brandenburgs, Jörg Vogelsänger, ließ auf das Schreiben mit den Vorschlägen zu den ökologischen Riegeln antworten: „Speziell in der Phase der Ausgestaltung der gemeinsamen Agrarpolitik nach 2013 werden wir Ihre Darlegungen mit in Betracht ziehen" (persönliches Schreiben des Agrarministers vom 08.08.2012). Diese Forderung umzusetzen ermöglicht es, die Lebensbedingungen vieler Lebewesen aus Flora und Fauna günstig zu beeinflussen. Sie initiativreich zu realisieren ermöglicht es, auf allen großen Agrarflächen ökologische Riegel mit einem Zwischenraum von jeweils 100 Metern und einer Breite von 7 Metern anzulegen. Damit kann den natürlichen Gegenspielern von „Schadinsekten", den räuberischen Waldameisenarten, Lebensraum geschaffen werden, in dem ihre Ernährung gesichert und die Anwendung von Insektiziden überflüssig wird.

Anmerkungen zu diesem Beitrag: Der Effekt des Pflegens und Beschützens bezieht sich darauf, dass die Ausscheidungen der Läuse – letztlich Zucker –

von den genannten Insekten aufgenommen werden und dadurch ein Verkleben/Ersticken der Läuse verhindert wird.

Die Zergliederung der Agrar- und Forstflächen begünstigt die Waldameisenarten, indem in ihrem einen Hektar großen Lebensraum ein ausreichendes Nahrungsangebot geschaffen wird. Geht dieses Nahrungsangebot zurück, ist auch ein Rückgang der Anzahl und Stärke der Ameisenvölker zu erwarten.

Eine höhere Population von Hügel bauenden Waldameisen ermöglicht das Dezimieren von Insekten auf einer Fläche von etwa einem Hektar pro Ameisenvolk. Ein höheres Nahrungsangebot führt zu einer stärkeren Besiedelung mit Ameisenvölkern und hat auch Auswirkungen auf die Stärke dieser Ameisenvölker.

Naturwissenschaftler nehmen Stellung zur passiven Rolle der Honigbiene in der Natur

Nach nunmehr 15 Jahren, in denen eine Vielzahl von persönlichen Publikationen über die ökologische Bedeutung von Honigbienen erschienen ist, ist es angemessen, vor allem jene Persönlichkeiten mit ihren Auffassungen und Bewertungen in den Mittelpunkt zu stellen, die sich der Thematik professionell gewidmet haben. Einen derartigen Schritt zu gehen wurde erforderlich, da ich als Autor persönlich über einen akademischen Grad einer anderen Fachrichtung verfüge, mich aber dazu berufen fühlte, meine persönliche naturwissenschaftliche Entdeckung auch zu verbreiten. Auslöser für meine Publikationen war die beständig kritische Beurteilung von Pressebeiträgen aus vielen Fachgebieten. Im Ergebnis dieses Studiums wurde erkannt, dass die Honigbiene als Nahrungskomponente von Insekten fressenden Lebewesen in der gesamten Fachliteratur bis dahin vollständig fehlte. Diese Erkenntnis stachelte meinen Ehrgeiz an, diese Lücke zu schließen oder zumindest zu verkleinern. Erfolgreich, wie Einladungen in Bundesländer und Vereine belegen und auch das Beispiel meiner Beiträge für die Onlinezeitschrift *München Querbeet* zeigt. Mit der Vergabe einer Diplomarbeit 2001 in Schwarzburg bekundete die Forstwirtschaft sofort Interesse an den neuen Erkenntnissen.

Der Forstwissenschaftler Prof. Dieter Otto bewertete als Erster die gelungene Entdeckung: „Die Waldameisen, die große Menge absterbender Honigbienen und das Gedeihen der Waldameisenbestände infolge verbesserten (Eiweiß-) Nahrungsangebotes in einen Zusammenhang zu bringen und dies auch unter historischem Aspekt zu sehen – dieser Zusammenhang wurde noch nie so erkannt und dargestellt.

Es wird ein natürlicher Kreislauf gegenseitiger Förderung (und Abhängigkeit) deutlich: Waldameisen (Formica-rufa-Gruppe) – Honigtau liefernde Blattläuse – Honigbienen aus Waldimkerei.

In dem Paket von Maßnahmen zur Förderung der Waldameisenbestände könnte die Aufstellung von Wander-Bienenständen in Kolonienähe ein weiterer wirkungsvoller Faktor werden."

Prof. Burkhard Schricker von der Freien Universität Berlin nahm als Gast an der Vertretertagung des Landesverbandes Brandenburgischer Imker am 2. März 2000 in Luckau teil. Dort hatte ich Gelegenheit, erstmalig meine Verknüpfungen über das Zusammenwirken von Honigbienen und den Hügel bauenden Waldameisen darzustellen, mit der Folge, dass er anbot, zu Konsultationen in die Freie Universität Berlin zu kommen. Bereits zu meinem zweiten Buch *Walderkrankung – Artenrückgang – Klimawandel – Bienensterben* schrieb er das Vorwort: Wald und Flur als Lebensraum im Wandel, so könnte man dieses inhaltsvolle Buch auch betiteln. Es ist nicht verwunderlich, dass hierin Honigbienen und Ameisen die Hauptakteure sind, denn der Autor betrachtet die Problematik gleichsam mit Augen und Verstand eines praxisorientierten Imkers und Forstmanns. Belegt mit vielen eigenen Beobachtungen und Experimenten begründet er seine persönlichen Einsichten. So erhöht er beispielsweise den ökologischen Wert der Honigbiene, indem sie sowohl als aktives (Bestäuber) als auch als passives Glied innerhalb der Nahrungskette (Biomasse) beteiligt ist (Schricker, 2004, S.5).

In meinem dritten Buch *Pollenallergien und der ökologische Nutzen von Honigbienen* schrieb Prof. Schricker im Nachwort:

„Die Honigbiene lebt eingebunden in einem sozialen Familienverband, wobei die oben erwähnten Lebensaufgaben in der Gemeinschaft bewältigt werden und entsprechend vervielfacht erfolgreich sind: Der Sozialverband lebt trotz der vieltausend Mitglieder wie ein Einzelorganismus.

In der Folge von nunmehr drei Büchern hat Wolfgang Voigt die Besonderheiten sozial lebender Insekten wie Ameisen und besonders die Honigbiene bezüglich ihrer direkten und indirekten Umwelt ganz vortrefflich beschrieben. Der Leser trifft in dieser Trilogie auf die Erklärungen des Autors mit den Fachkenntnissen eines Bienenhalters, Forstmanns, Ökonom, Gesellschaftspolitikers und vor allem eines Ökologen. Aus der Vielseitigkeit der Betrachtungsweisen des Themas „Die Honigbiene und ihre Bedeutung für Landschaft, Umwelt und Gesellschaft“ hat der Autor seine Ansichten dargestellt, aber auch entsprechende Vorschläge zur Lösung des jeweils angesprochenen Problems gegeben. Seine große und vielseitige Fachkenntnis und eine langjährige Erfahrung haben zu einer Ausgewogenheit in der Behandlung der Thematik geführt, die bisher einmalig ist.“ (Schricker, 2005, S. 123 f.)

In meinem siebten Buch *Kommt der graue Frühling* schrieb er unter anderem:

Die folgenden Kapitel bieten eine sonst nirgendwo zu findende Vielfalt an bienenkundlichen sowie ökologischen und ökonomischen Fakten und Daten, darüber hinaus das Sachverständnis fördernde Einsichten und Anregungen.

Prof. Günter Pritsch schrieb gleichermaßen:

„Der Autor befasst sich mit der Thematik des ökologischen Nutzens der Honigbienen auf eine ganz ungewöhnliche Weise. In der Biomasse der Bienen sieht er eine wichtige Nahrungsgrundlage der als Schädlingsbekämpfer und deshalb für einen gesunden Wald bedeutsamen Waldameisen. Auf den Rückgang der entomophilen Flora infolge Mangels an Bestäuberinsekten wird eine größere Ausbreitung von Windblütlern mit vermehrtem Pollenflug und demzufolge das Anwachsen von Pollenallergien zurückgeführt. Der Autor fordert Politik und Gesellschaft auf, sich für die Zunahme der Bienenhaltung einzusetzen. Das Buch ist ein Appell an das Natur- und Umweltbewusstsein des Lesers."

Heinz Ruppertshofen schrieb begeistert: „Tun Sie ALLES! [rot hinterlegt], um Ihre Arbeit zu verbreiten."

Im Weiteren äußerten sich Prof. Alfred Buschinger, Prof. Jost H. Dustmann, Gerd Habermann. Zitiert wurden Prof. F. Schremmer, Prof. Drescher und Priv.-Doz. Ernst-Gerhard Burmeister. Allen Genannten ein herzliches Dankeschön für ihre Hilfestellung und Bewertungen meiner Erkenntnisse.

Plagiativ traten im *Deutschem Bienen-Journal* 4/2011 Dr. Stefan Mandl und 5/2011 Dr. Friedgard Schaper mit einer Rezension über ein Buch von Helmut und Margit Hintermeier auf. Auch dies ist eine Form der Anerkennung meiner Entdeckung vor 15 Jahren, auch wenn sich andere damit zu schmücken versuchen, die meine Bücherwerbung persönlich und am gleichen Tag erhalten haben.

Journalisten stehen hinter den Publikationen pro biologische Vielfalt

Und neben diesen Journalisten sind es Unzählige, die sich professionell oder als Amateure für nachhaltige biologische Vielfalt engagieren. Um selbst eine Übersicht zu bekommen, habe ich in dem Buch gezählt und über 300 Personen namentlich erfasst, die über 400 Mal zitiert wurden. Mit dabei sind herausragende Namen, historisch verbürgt, mit hohem Ansehen. Gleichfalls wurden noch lebende und aktive Biologen und andere mit der Materie Befasste berücksichtigt. Rachel Carson, eine amerikanische Umweltaktivistin, Autorin von *Der stumme Frühling*, forderte vor fünfzig Jahren, die ausufernde Anwendung von Giften gegen „Schädlinge" zu reduzieren. Ihr früher Tod ermöglichte einer verantwortungslosen Lobby, ihre Warnungen zu ignorieren und die Anwendung von Giften voranzutreiben. Heute, 50 Jahre später, zeigt sich, dass diese Form der Gefährdung der Umwelt nunmehr durch die Anwendung von genetisch manipulierten Organismen noch weiter angestiegen ist. Die Verdrängung der Honigbiene aus den Wäldern (verursacht durch Menschen), beginnend vor 500 Jahren, setzte sich auch außerhalb der Wälder fort. Die zunehmende Anwendung von Pflanzenschutzmitteln (Umweltgiften) und von genetisch veränderten Organismen im Ackerbau und in den landwirtschaftlichen Betrieben erweist sich nunmehr als Bedrohung der Existenz der Honigbienen, die in einem Zeitraum von nur einem halben Jahrtausend von einem wild lebenden Insekt zu einem von Menschen betreuten Haustier mit weiter zunehmenden Gefährdungen wurden. Denn auch Bienenkrankheiten, etwa in Form mehrerer Parasitenarten, die infolge der Globalisierung eingeschleppt wurden und von denen vor Jahren noch niemand wusste, bedrohen heutzutage die Existenz der Honigbiene. Dass dies politisch gewollt und zugleich empörend ist, zeigt ein Zitat aus der *Allgemeinen Deutschen Imkerzeitung* 6/2004: „Deutschland als Nicht-Agrarland könne sich […] einen Verzicht auf Bienen wirtschaftlich problemlos leisten." So beginnen Verbrechen an der Natur und der Menschheit. Kapitalismus eben.

Auf dem Bayerischen Entomologentag vom März 1993 wurde die großflächige Begiftung der Eichenwälder mit Dimilin und Bacillus thuringiensis mehrheitlich abgelehnt. Begründung: „Beide Biozide schädigten und schädigen als Breitbandgifte die besonders artenreiche Insektenfauna der Eichenwälder."

Priv.-Doz. Ernst-Gerhard Burmeister führt in Biologische Fakten – politisch nicht durchsetzbar! aus:

Chemische Eingriffe in das biozönotische Gefüge des Waldes sind nur sehr schwer abschätzbar. Sie verhindern vielmehr die Selbstregulierungsmechanismen der Natur. Sie sind ein weiterer Schritt zur Verarmung unserer besonders eingeschränkten naturnahen Landschaft. Zyklisch wiederkehrende Gradationen der Eichenfraßgesellschaften sind bisher immer durch natürliche Prädatoren zum Erliegen gekommen. Biozideinsätze haben jedoch die blattfressende Insektenfauna immer wieder irreversibel geschädigt. Es bleibt ein ökologisch nicht vertretbarer Eingriff in das Ökosystem Wald.

Was geschah angesichts des Kahlfraßes von Wäldern ohne den Einsatz von Chemikalien und Bioziden Anfang des vorigen Jahrhunderts? Nichts, der Wald überlebte in den allermeisten Fällen. Wie sonst hätten wir heute noch über 200-jährige Eichenwälder des Spessarts, des Reinhardswaldes, des Sollings usw.? Eichenwälder sind auch durch mehrmaligen Fraß in ihrer Existenz kaum bedroht (s. Lindener 1994, Kraus & v. d. Dunk 1993). Untersuchungen über die Auswirkungen der Sprüheinsätze mit Dimilin zeigten jedoch, dass neben massiven Bestandseinbrüchen seltener Arten im Bekämpfungsgebiet auch Verluste ganzer Insektengruppen in nicht direkt besprühten Bereichen (Abdrift des Mittels durch Wind und Hubschrauberrotoren) beobachtet wurden.

Matthias Brendel, Stern vom 10.04.2003: In ganz Europa klagen Imker über einen dramatischen Bienenschwund – mit Folgen für die Produktion von Obst und Brotaufstrich.

Imker Christian Haas: „Die Bienen fliegen aus und kommen einfach nicht mehr zurück", klagt der Imkermeister aus Freiamt im Schwarzwald ... Insgesamt hat Haas seit dem vergangenen Herbst die Hälfte seiner 120 Völker verloren ... Die Völkerverluste belaufen sich deutschlandweit auf 30 bis 50 % ... Manche Experten haben auch die Bauern in Verdacht. So verweist Boecking auf Landwirte, die Vorschriften zum Ausbringen von Pflanzenschutzmitteln missachten oder „auch schon mal verschiedene Pestizide zusammenkippen und dabei neue, noch bienengefährlichere Kombinationen schaffen."

Hans Riebsamen, FASZ vom 20.04.2003: Der große Bienentod. Rätselhafte Viren verbreiten unter den Imkern Deutschlands Schrecken ... „Ein Land ohne Bienen“, so warnen denn auch die Imker, „führt zu einer ökologischen Katastrophe.“

Prof. Wittmann, ADIZ 7/2005: ... erläuterte die zentrale Stellung der Bienen im Ökosystem und leitete daraus die potentielle Rolle der Imker als Naturschützer ab. Letztlich sei die Bestäubung und daran anschließend die Befruchtung die Grundlage aller Produkte, ob pflanzlich oder tierisch ... Der Honigbiene kommt die entscheidende Rolle zu.

ADIZ 11/2006: Wissenschaftler stimmen überein, dass GVO nicht an sich bedenklich sind, sondern dass ihre Sicherheit für die Umwelt und für die Gesundheit von Menschen und Tieren im Einzelfall zu beurteilen ist, bevor betreffende Produkte auf den Markt gebracht werden.

Schrot und Korn, April 2007: Alexandra Klein hat Daten aus über 200 Ländern zu einer umfassenden Studie zusammengetragen. „Unsere Ergebnisse beweisen zum ersten Mal auf globaler Ebene, dass sehr viele Kulturpflanzen weniger und qualitativ schlechtere Früchte und Samen produzieren, wenn Bestäuber ausgeschlossen werden“ ... Intensivierung der Landwirtschaft entzieht bestäubenden Insekten die Lebensgrundlage. „Ohne Bienen erzielen Obstbäume nur 20 % der Erträge“, warnt Margret Irmer. In England sind in den letzten Jahren 60 bis 70 % der Wildpflanzen ausgestorben.

M. Miethke, MAZ vom 19.01.2012: „Die Hälfte der Arten ist gefährdet“ ... Neue Strategien für den Erhalt biologischer Vielfalt bleiben Absichtserklärungen, wenn die Politik sich nicht konsequent für die Umsetzung der Pläne einsetzt. Wir brauchen reich gegliederte Lebensräume. Zu nennen sind reich strukturierte offene Feldlandschaften mit Solitärbäumen, Baumreihen, Alleen, Hecken usw. für den Schutz und die Reproduktion von Säugetieren, Amphibien, Vögeln und Insekten.

Rachel Carson legte vor fünfzig Jahren den Finger in die Wunde

Der stumme Frühling ist eine der bekanntesten Publikationen der amerikanischen Umweltaktivistin. Al Gore, ehemaliger US-Vizepräsident, äußerte anlässlich ihres hundertsten Geburtstages sinngemäß, dass die Ökologiebewegung, wie wir sie heute kennen, ohne sie entweder viel später oder gar nicht entstanden wäre. Im Mittelpunkt ihrer Kritik stand die Anwendung von Pflanzenschutzmitteln und Chemikalien zur Unkrautvernichtung und Insektenbekämpfung, deren Gefährdungspotenzial sich bis in die Nahrungskette entwickelte. Rachel Carson entlarvt das Vergiften der Umwelt als Praktiken gewinnsüchtiger Unternehmen. Die Genialität, die ihrem Werk zugrunde liegt, die Vielfalt und der lückenlose Nachweis menschlichen Fehlverhaltens beim Umgang mit der Natur, insbesondere jene politischen Entscheidungen, die ihrem Anliegen auch heute noch diametral entgegengerichtet sind, aber auch noch mögliche Alternativen bedürfen ununterbrochener Aufmerksamkeit.

„Eine ausgerottete Tierart zaubert kein Chemiker zurück, und eine Pflanze, deren irdische Existenz einmal vernichtet ist, kann ihre Aufgabe in der Natur nie wieder erfüllen." Die Vogelbestände gehen weiter zurück, manche Art ist bereits ausgestorben. Aktuelle *Rote Listen* von in ihrem Bestand bedrohten Pflanzen und Tierarten sprechen eine nur allzu deutliche Sprache. „Tierarten sterben aus …, weil ihnen ihr Lebensraum vom Menschen genommen wird, weil wild wachsende Hecken und Sträucher und damit Nistgelegenheiten niedergebrannt oder gerodet werden, weil ihre Nahrung durch sogenannte Pflanzenschutzmittel vergiftet wird." Dass es auch ohne Gift geht, beweisen biologische Methoden des Pflanzenschutzes. „J. B. Wiesner, wissenschaftlicher Berater von Präsident Kennedy, erklärte, dass die unkontrollierte Verwendung giftiger Chemikalien einschließlich der Pestizide eine potenziell größere Gefahr darstelle als der radioaktive Fallout." Es sind aber Mittel, deren übertriebene Anwendung den Fortschritt am Ende selber fragwürdig macht, denn erkrankte Menschen in einer vergifteten Umwelt werden sich schwerlich noch über die Errungenschaften dieses „Fortschritts" freuen. Ein Beispiel:

Der Weißkopfseeadler

Fast zu spät waren Experten darauf gekommen, dass Weißkopfseeadler, nationales Symbol der Vereinigten Staaten, in ihrem Bestand zurückgingen. Ein ehemaliger Bankier, Charles Broley, hatte sich als Ornithologe großen Ruhm erworben, da er in den Jahren 1939 bis 1949 über 1 000 Weißkopfseeadler beringt hatte. In dem von ihm ausgewählten Küstenstreifen kontrollierte er stets 125 belegte Horste. „Im Jahr 1947 nahm die Menge der Jungvögel das erste Mal ab. Manche Nester enthielten keine Eier, in anderen lagen welche, aus denen keine Jungen schlüpften. Zwischen den Jahren 1952 und 1957 blieben ungefähr 80 Prozent der Nester ohne Junge [...] Im Jahre 1958 durchstreifte Mr. Broley über 160 Kilometer Küstengebiet, ehe er einen Jungadler aufspürte und ihn beringen konnte [...] Mr. Broley starb im Jahr 1959, und dadurch wurde diese wertvolle ununterbrochene Beobachtung beendet, doch die Berichte der Audubon-Gesellschaft von Florida, auch solche aus den Staaten von New Jersey und Pennsylvania bestätigen diese Entwicklung, die uns wohl zwingen könnte, ein neues nationales Wappentier zu finden." (Carlson, 1962) Erst diese Erkenntnis führte zum Nachdenken und dem schließlichen Verbot der Anwendung von DDT, einem vielfältig wirksamen Insektizid.

In England wurde es dramatisch

„Im Frühjahr des Jahres 1960 erreichte eine Hochflut von Berichten über verendete Vögel die maßgebenden Stellen wie den britischen Ornithologen-Verband, die Royal Society für Vogelschutz und die Gesellschaft für Vogelwild. ‚Es sieht hier aus wie auf einem Schlachtfeld', schrieb ein Grundbesitzer in Norfolk. „Mein Verwalter hat unzählige Kadaver gefunden, darunter Unmengen kleiner Vögel wie Buchfinken, Hänflinge, Heckenbraunellen und Haussperlinge [...] Die Vernichtung von wild lebenden Tieren ist ein wahrer Jammer. Ein Förster schreibt: ‚Meine Rebhühner sind mit den gebeizten Getreidekörnern ausgerottet worden, ebenso einige Fasanen und alle anderen Vögel. Hunderte von ihnen sind getötet worden [...] Für mich, der ich ein Leben lang Förster gewesen bin, war das ein schmerzliches Erlebnis. Es ist bitter, Rebhuhnpärchen zu sehen, die vereint den Tod fanden.'

In einem gemeinsamen Bericht beschrieben der Britische Ornithologen-Verband und die Royal Society für Vogelschutz rund 67 Fälle, in denen Vögel umgekommen waren. Und sie hatten damit bei Weitem nicht die gesamte Zerstörung verzeichnet, die im Frühjahr 1960 angerichtet worden war. Von diesen siebenundsechzig wurden neunundfünfzig Fälle durch Behandlung des Saatgutes verursacht und acht durch giftige Sprühmittel. [...]

Im Frühjahr des Jahres 1961 erreichte die Besorgnis einen solchen Höhepunkt, dass ein besonderer Ausschuss des Unterhauses die Angelegenheit näher untersuchte. ‚Tauben fallen plötzlich vom Himmel', erzählte ein Augenzeuge. ‚Man kann 100 oder 200 Meilen aus London hinausfahren, ohne einen einzigen Turmfalken zu sehen', berichtete ein anderer. ‚Soweit ich weiß, hat sich weder in diesem Jahrhundert noch zu irgendeiner anderen Zeit etwas Ähnliches ereignet; dies ist die größte Gefahr, die je für das Jagdwild und andere Tiere bestanden hat', bezeugte ein Beamter der Naturschutzbehörde [...] Zugleich mit den Vögeln dürften auch Füchse Schaden gelitten haben, wahrscheinlich weil sie vergiftete Vögel und Mäuse gefressen hatten. [...] Von November 1959 bis April 1960 sind mindestens 1 300 Füchse verendet. Am schwersten waren die Verluste in den Grafschaften, aus denen auch Turmfalken und andere Raubvögel fast völlig verschwunden waren. Das lässt vermuten, daß sich das Gift über die Nahrungskette verbreitete und über die Körnerfresser auch die Raubtiere in Pelz und Federkleid erreichte." Die Saatgutbeizen mit den angewandten Mitteln wurden verboten.

Querbeet 22

Bienen- und Insektenstich – in der Regel harmlos

Ein Insektenstich ist im Allgemeinen schmerzhaft und in den meisten Fällen unerwünscht. Deshalb versucht man sich so zu verhalten, dass man nach Möglichkeit nicht von Insekten gestochen wird. Und das gelingt auch, zumindest überwiegend.

Den ersten Stich einer Hummel erlebte ich als Schulanfänger auf einer Wiese mit vielen Kleeblüten. Die Ursache des Stiches war vermutlich, dass ich auf das hintere, etwas spitze Ende der Hummel trat und diese reflexartig ihren Stachel gegen den Störenfried Mensch einsetzte. Danach sind mir keine Stiche in Erinnerung geblieben, bis auf die von Mücken und ähnlichen Plagegeistern. Erst zu einem viel späteren Zeitpunkt erwischten mich Stiche von Honigbienen am Bienenstand des Stiefbruders, was zu der Erkenntnis führte, schön vorsichtig und nicht hektisch an den Bienen zu arbeiten. Als ich selbst Imker wurde, nahm die Stecherei zunächst zu und dann, mit dem Sammeln langjähriger Erfahrungen, so weit ab, dass über die gesamte Sommersaison weder Schutzhandschuhe noch Schleier verwendet werden mussten. Dieses Sammeln von Erfahrungen bezieht sich darauf, dass generell mit Rauch gearbeitet und auf diesem Weg den Bienen signalisiert wurde, dass es in ihrer Wohnung brenne und unverzüglich die Bereitschaft herzustellen sei, diese Wohnung notfalls zu verlassen. Selbstredend mit voller Honigblase. In einer derart stressigen Situation wird weder die Königin noch die Brut gefüttert. Die Königin nicht, damit sie rasch an Körpergewicht verliert und etwas flugfähiger wird. In dieser Arbeitsphase, bei der die Bienen ihre Honigblase füllen, wird das Bienenvolk Wabe für Wabe aus seiner Wohnung, der Beute, herausgenommen, neu geordnet und wieder in die Wohnung zurückgegeben. Währenddessen können auch volle Honigwaben herausgenommen werden, um sie im Folgenden zu schleudern, also den Honig mechanisch, durch Zentrifugieren, zu entnehmen.

Die Zunahme von Stichen zu Beginn meiner imkerlichen Bemühungen ist auch als Lehrgeld zu verstehen. So hatte ich einmal ein Bienenvolk gegen mich aufgebracht, als ein Gewitter aufzog und die Wetteränderung von mir nicht rechtzeitig bemerkt wurde. Erst nach dem erzwungenen Verlassen des Bienenhauses mit Hunderten stechenden Biestern auf der Bekleidung bemerkte ich den schwarzen Himmel und das aufziehende Gewitter. Die gerade noch Nektar sammelnden Bienen wollten den auf sie zukommenden Gefährdungen ausweichen und das Unwetter lieber zu Hause abwarten.

Auch andere Insekten haben einen Stachel, und wenn das Schicksal seinen Lauf nimmt, muss man hin und wieder Stiche erdulden. So hatte sich die Tochter eines Freundes in ihrem Kinderzimmer ein paar Wochen lang daran ergötzt, dass sich ein Wespennest in der Tüllgardine bis auf die Größe eines Fußballs entwickelte, ehe ich zur Hilfestellung gerufen wurde. Das Erstaunliche war, dass sich innerhalb dieses Nestes kein Tüll von der Gardine befand. Bei einem anderen Kind, dessen Kinderzimmer in der oberen Etage eines Einfamilienhauses lag, konnte das Dachfenster nicht mehr geöffnet werden, weil sich ein Hornissennest direkt neben dem Fenster unter den Dachziegeln entwickelt hatte. Vor allem die jungen Hornissen fanden immer gleich den Weg in seine Stube hinein. Auch hier waren meine Erfahrungen beim Umsetzen dieses Nestes gefragt. Hornissen stehen unter Naturschutz und müssen aus diesem Grunde weitgehend erhalten bleiben und an einem anderen Ort ausgesetzt werden. Beim Entfernen der Dachziegel zeigte sich, dass die Hornissen auf der Unterziehfolie in der Stärke der Dachlatten ein relativ großes flaches Nest gebaut hatten. Leider beachtete ich meine im Zusammenhang mit der Tüllgardine gemachte Erfahrung nicht, dass innerhalb des Nestes keine Kunststofffolie sein könnte. Die Folge war, dass sich das Nest nicht nur in dieser schmalen Schicht befand, die durch Dachlatten begrenzt war, sondern sich bis auf die Tiefe der darunter befindlichen tragenden Balken ausdehnte. Bei dieser Aktion, bei der ich in Schutzbekleidung auf dem Dach saß und die Ziegelsteine entfernen musste, gab es allerdings erneut Stiche durch die Bekleidung hindurch. Nach Abschluss der Bergung des Nestes und dem Entkleiden zählten wir insgesamt 21 Stiche. Die Folge war, dass ich aufgrund der Schmerzen zwei Nächte lang nicht einschlafen konnte.

Probleme mit Insektenstichen

Insektenstiche sind für gesunde Menschen zwar schmerzhaft, aber relativ ungefährlich. Bei allergisch veranlagten Personen kann der Bienenstich allerdings auch Nesselsucht, Erbrechen, Schweißausbrüche, Durchfall, Schwindel, Angstgefühle und Ohnmachtsanfälle auslösen. Normalerweise kommt es zu einer lokalen Entzündung und anschließend zu einer leichten Schwellung, gegen die übrigens Hausmittel wie Salmiakgeist, Seife, Zwiebel, Kartoffel- und Apfelschnitzel wohl nur symptomatisch wirken, indem sie durch Kühlung und Kompression etwas Linderung verschaffen. (Hüsing und Nitschmann, 1981)

Bienengift von Honigbienen ist allerdings auch Arzneimittel gegen Beschwerden des rheumatischen Formenkreises. Es wird bei Hexenschuss, Ischias, Neuralgien und ebenso bei Spondylarthrose mit neurologischen Komplikationen eingesetzt (Droege, 1993).

Zu den genannten Belastungen ist aus medizinischer Sicht möglicherweise eine weitere Komponente hinzugekommen, die zunehmend berücksichtigt werden sollte: die krankhafte Angst, Phobie genannt. Ein Beispiel: Ein älteres Ehepaar bat mich wegen der Bienenhaltung auf dem Nachbargrundstück, die Situation vor Ort in Augenschein zu nehmen. An einem Komposthausen auf ihrem Anwesen stand während des Gespräches eine einzelne Erdbeerpflanze in Blüte, die gerade von einer Honigbiene beflogen wurde. In einer geradezu panischen Reaktion, mit Schweißperlen auf der Stirn, wurde mir verklickert: „Da, da ist schon wieder eine Biene. Na ja, zum Blütenbestäuben werden sie ja auch gebraucht.“ Bei derart gesundheitlich belasteten Bürgern hilft häufig kein Hinweis, dass die Biene sich nicht für den Menschen, sondern für die Blüte interessiere und schon deshalb absolut keine Gefahr darstelle. Der Forderung, die Honigbienen durch den Nachbarn abzuschaffen, weil sie eine gesundheitliche Bedrohung darstellten, kann entgegengehalten werden, dass selbst bei Beseitigung der Bienen in einem großen Umkreis die belastende Allergie nicht geheilt wird. Eine Allergie kann nur durch eine spezifische Behandlung überwunden werden, nicht durch Abtöten oder Beseitigen von Honigbienen des Nachbarn.

Querbeet 23
Fipronil – nur ein Gift gegen Ameisen?

Als das Online-Magazin *München Querbeet* kürzlich ein Thema als Anregung für einen neuen Beitrag übermittelte, musste ich zunächst recherchieren. Das übermittelte Thema: Ein Einkaufstest hat gezeigt, dass Insektenvernichtungsmittel mit dem hochgiftigen Wirkstoff Fipronil für Konsumenten/-innen im Handel frei erhältlich sind. Da mir dieses Mittel bis dato unbekannt war und in meinem Garten kein Gift angewandt wird, bat ich den Vorsitzenden des Landesverbandes Brandenburgischer Imker um Hilfestellung, eventuell durch die Geschäftsstelle des D.I.B. bzw. dessen Pressereferentin. In der Zwischenzeit suchte ich im Einzelhandel nach Fipronil und wurde in einem Geschäft im vogtländischen Plauen fündig. Dort notierte ich, Nexa Lotte gegen Ameisen: 0,2 g pro kg Fipronil-Granulat, 300 g, 3,95 Euro, zum Gießen/Streuen. Ein Hinweis über die Gefährlichkeit dieses Mittels für Honigbienen oder andere Insekten war nicht vorhanden.

Die Fragestellung wurde aufgegriffen und in der aktuellen Monatszeitschrift Deutsches Bienen-Journal 5/2015 auf den Seiten 6 bis 9 durch Silke Beckedorf thematisiert.

Streit um das Verbot der Neonicotinoide

In einem Hinweiskasten wird erläutert: „Neonicotinoide gerieten in die Schlagzeilen, als sich im Frühjahr 2008 bei der Aussaat von Mais im oberen Rheintal Stäube von gebeizten Mais-Saatkörnern lösten und vom Wind auf benachbarte Obstwiesen verdriftet wurden. Dort gelangten sie in Blüten, die von Bienen beflogen wurden. Die Bienen vergifteten sich an den Mitteln, und mehrere Tausend Bienenvölker wurden nachhaltig geschädigt.“ (Beckedorf, 2015)

In der Folge fanden wissenschaftliche Veröffentlichungen Beachtung, die besagten, dass Neonicotinoide Honigbienenvölker und auch Wildbienen schädigen können. Die Europäische Behörde für Lebensmittelsicherheit trug daraufhin Studien zusammen und stellte Lücken in den Untersuchungen fest. Die EU-Kommission sprach ein Verbot für drei Neonicotinoide in bestimmten Anwendungen aus und setzte eine zweijährige Überprüfungsfrist fest. Im März 2014 wurde außerdem das von BASF produzierte Fipronil, ein Kontaktgift aus der Gruppe der Phenylpyrazole, verboten.

Die herstellenden Firmen Bayer, Syngenta und BASF klagten gegen das Verbot vor dem EU-Gericht in Luxemburg. Sie beriefen sich darauf, dass sie für die Zulassung ihrer Produkte Rechtssicherheit benötigten. Die Fehler, die zum Unfall im Rheingraben geführt hätten, seien ausgeräumt, sagte Dr. Christian Maus von Bayer Cropscience. Zum Zeitpunkt des Verbotes hätten keine neuen Erkenntnisse vorgelegen. Es sei unzumutbar, rückwirkend ein neues Risikomanagement anzuwenden. Das Urteil steht noch aus. Der Deutsche Berufs- und Erwerbsimkerbund erwirkte die Zulassung als Prozessbeteiligter im Gerichtsverfahren.

Es gibt voneinander abweichende Auffassungen der mit der Materie befassten Experten

Der Bund für Umwelt- und Naturschutz (BUND) kritisierte die Verbraucherinformationen des Herstellers über die Bienenungefährlichkeit von Mitteln mit Thiacloprid und verlangte die Rücknahme der Zulassung. Bayer erwirkte eine einstweilige Verfügung, die den BUND zwang, bestimmte Seiten aus dem Internet zu entfernen. Der Streitfall wurde im Februar vor dem Landgericht in Düsseldorf verhandelt, und der BUND bekam Recht. Der Umweltverband darf seine Auffassung weiter verbreiten. Der Neurowissenschaftler Prof. Randolf Menzel fand heraus, dass Bienen, die man mit thiaclopridversetztem Zuckerwasser füttert, unter einer Beeinträchtigung des Orientierungsvermögens leiden. Diese Aussage wird von anderen Wissenschaftlern relativiert. Dr. Werner von der Ohe vom Institut für Bienenkunde Celle des Niedersächsischen Landesamtes für Verbraucherschutz und Lebensmittelsicherheit (LAVES) sieht diese Aussage als für alle Insektizide zutreffend. Er empfiehlt den Landwirten, Spritzungen mit B4-Mitteln erst am späten Nachmittag, nach dem Ende des Hauptbienenfluges, zu beginnen und so eine unnötige Belastung der Bienen zu vermeiden. Prof. Freier vom Julius-Kühn-Institut (JKI) verweist auf eine weitere Möglichkeit, die Spritzungen mit Insektiziden in die offene Blüte deutlich zu reduzieren. Er fordert, dass man vor jeder Maßnahme den Schädlingsbefall ermittelt. Nur wenn die Bekämpfungsschwellen überschritten würden, solle man Insektizide ausbringen. So ließe sich der Kontakt der Bienen mit den Insektiziden reduzieren.

Alle Pflanzenschutzmittel sind bienengefährlich

Als Gefahr für den Fortbestand der Bienen wird seit Rachel Carson, die vor fünfzig Jahren das Buch Der stumme Frühling geschrieben hat, die fortgesetzte Vergiftung der natürlichen Umwelt mittels sogenannter Pflanzenschutzmittel genannt. Zugleich bestehen erhebliche Bedenken bezüglich der Nutzung von genetisch veränderten Pflanzen, weil sie als krebserregend angesehen werden. Zur Beruhigung der Bevölkerung wird gesagt, dass die mildesten Mittel angewandt werden, die selektiv auf das jeweilige „Schadinsekt" wirken. Es darf allerdings festgestellt werden, dass ein Gift, das auf ein bestimmtes Insekt „giftig" wirken soll, keineswegs von anderen Insekten als genießbar toleriert werden kann. Kein Gift ist harmlos. Das Gefährdungspotenzial von Pflanzenschutzmitteln wird deshalb mit den Kategorien „bienenungefährlich", „minderbienengefährlich" und „bienengefährlich" angegeben. Kommt es zu einer Vergiftung von Bienenvölkern durch „Pflanzenschutzmittel", so ist zunächst mit dem Verlust aller Flugbienen zu rechnen. Derart betroffene Bienenvölker erholen sich erst im Verlaufe von drei Wochen, wenn alle im Volk befindliche Brut ausgelaufen ist. In diesem Zeitraum ist auch mit einem Verlust der Honigernte zu rechnen.

Querbeet 24

Was Bienen krank macht

Seit Menschen engeren Kontakt zu den Honigbienen entwickelten und vor etwa 500 Jahren begannen, sie als Haustiere zu halten, wurden sie auch mehr oder weniger mit den Erkrankungen ihrer Bienen konfrontiert. Eine sehr umfangreiche Literatur belegt, mit welchen gesundheitlichen Belastungen der einzige Honigproduzent zurechtkommen muss. Diese möglichen Erkrankungen sind so vielfältig, dass es sich verbietet, hier eine Aufzählung dessen vorzunehmen, worüber bereits viele Bücher geschrieben wurden.

Beim als „Colony Collapse Disorder“ (CCD) oder „Völker-Kollaps“ beschriebenen Phänomen wird der Imker von bienenleeren Behausungen oder nur noch einer Handvoll Bienen und größeren Mengen an verbliebener Brut und Futtervorräten überrascht. Zahlenmäßig zunächst starke und gesunde Völker brechen innerhalb weniger Wochen zusammen. Dies erscheint mysteriös und führt zu vieldeutigen Erklärungsversuchen, die – von den Medien teilweise reißerisch aufgemacht – auch die Öffentlichkeit erreichen.

Ohne Zweifel haben Stressoren wie die bestehende Belastung der Umwelt und fehlende Nahrungsvielfalt, aber auch Probleme der Haltung und Zucht einen Einfluss auf die Widerstandskraft eines Organismus. Nehmen diese zu, wirkt sich der Befall von Bienenvölkern mit Milben, Viren oder Bakterien entsprechend katastrophal aus.

In einem bundesweiten Monitoring zur Erforschung der Ursachen von Völkerverlusten (2007) untersuchte das Internationale OIE Referenzlabor (CVUA Freiburg) und das Nationale Referenzlabor für Bienenkrankheiten Bienen zusammengebrochener Völker aus nahezu 120 Beständen und 500 Völkern in ganz Deutschland. Dabei fand man in über 90 % der leeren Beuten an verbliebenen Bienen und Brut zum Teil riesige Mengen an Varroa-Milben. Ebenso häufig wiesen Bienen einen Befall mit dem „Deformierten Flügel-Virus“ auf. Beide zusammen schädigten die Bienen irreversibel. (Ritter, 2008)

Antworten auf eine Kleine Anfrage von Abgeordneten der Grünen

In der Drucksache 16/11005 vom 21.11.2008 wurden Gefährdungen von Bienen und Wildinsekten hinterfragt: „In der BRD bewirtschaften über 82 000 Imker nur noch etwa 700 000 Bienenvölker. Für die wenigsten Imker lohnt sich eine Haupt- oder Nebenerwerbstätigkeit. Etwa 95 % der Bienenzüchter betreiben die Imkerei als Hobby in ihrer Freizeit.

In der Landwirtschaft sind 80 Prozent der Kulturpflanzen auf die Bestäubungsleistung der Honigbienen angewiesen. Der volkswirtschaftliche Wert der Bestäubungsleistung beträgt allein in der BRD ca. 2 Mrd. Euro jährlich.

Trotz der ökologischen und ökonomischen Bedeutung der Imkerei haben Imker erhebliche Probleme zu bewältigen. [...] Neue Krankheiten schädigen die ohnehin durch schrumpfende Biodiversität, flächenhaften Pestizideinsatz, klimatische Veränderungen und Parasitenbefall geschwächten Bienenvölker. [...] Untersuchungen auf die langfristige Wirkung von chemischen Substanzen fehlen vollständig.

[...] auch der Gentechnikeinsatz in der Landwirtschaft stellt eine existenzielle Bedrohung der Imker dar. [...] Es fehlt an unabhängiger Forschung – vor allem an ökotoxikologischen Untersuchungen – hinsichtlich der Auswirkungen des Anbaus von gentechnisch veränderten Pflanzen auf Bienen."

Im Folgenden wird ein Teil der in der Drucksache 16/11005 vom 21.11.2008 gegebenen Antworten der Bundesregierung auf entsprechende Fragen dargestellt:

3. „Welche Schädlinge und Parasiten schädigen die Bienen in der Bundesrepublik Deutschland?

Die Varroa-Milbe wird in Deutschland als wesentlicher Parasit der Honigbiene angesehen. Dabei ist die Varroa-Milbe auch ein bedeutender Überträger von pathogenen Viren, Bakterien sowie anderen Parasiten. Daneben besitzen regional und saisonal die Nosema und die Belastung mit Amöben der Spezies Malpighamoeba eine gewisse Bedeutung. [...]

24. Wie stellt die Bundesregierung sicher, dass bei der Zulassung erteilte Bienenschutzauflagen in der landwirtschaftlichen Praxis (z. B. „nach Beendigung des Bienenfluges" oder „nicht in die Blüte spritzen") auch eingehalten werden?

Die Durchführung des Pflanzenschutzes einschließlich der Überwachung der Einhaltung dieser Vorschriften obliegt den Ländern (§ 34 Absatz 1 des

Pflanzenschutzgesetzes). Durch das Pflanzenschutz-Kontrollprogramm des Bundes und der Länder, in das das BVL aktiv eingebunden ist, wird sichergestellt, dass Kontrollen einheitlich durchgeführt und dokumentiert werden.

Verstöße gegen Bienenschutzauflagen sind bußgeldbewehrt. [...]

26. Welche Aufmerksamkeit widmet das aus Bundesmitteln mitfinanzierte Bienenmonitoring den Auswirkungen von Pflanzenschutzmitteln auf die Gesundheit der Honigbienen?

Im Rahmen des Bienenmonitorings wurden in den Jahren 2004 bis 2007 3 820 Einzelvölker mehrfach im Jahr begutachtet. In diesem Rahmen wurden 105 Bienenbrotproben auf 258 Wirkstoffe (einschließlich Varroazide) untersucht. (In Deutschland sind derzeit 252 Wirkstoffe in zugelassenen Pflanzenschutzmitteln enthalten.) [...] 42 Wirkstoffe konnten dabei mit einer Häufigkeit von 1 bis 46 der 105 untersuchten Proben nachgewiesen werden. Der am häufigsten nachgewiesene Wirkstoff ist Coumaphos, ein Varroazid. Der häufigste insektizide Wirkstoff (neben Coumaphos) ist Thiacloprid (9 Nachweise). Weitere insektizide Wirkstoffe sind Dimethoat (3 Nachweise), Acetamiprid (2), Pirimicarb (2), Tau-Fluvalimat (2) und Lamda-Cyhalothrin (1). Bis auf Dimethoat sind alle Wirkstoffe als bienenungefährlich gekennzeichnet."

Zerstörung durch Pflanzenschutzmittel

Menschen sind es, die ihr Lebensumfeld mit einer beängstigenden Energie existenziell gefährden und dabei ihre eigenen Lebensgrundlagen mutwillig und aus Dummheit zerstören. Dieses Zerstören erfolgt unter schöpferischer Nutzung menschlichen Geistes, seiner Intelligenz und seinem Erfindungsreichtum. Die wissenschaftlichen Leistungen in der aktuellen Forschung beispielsweise und die wachsende Geschwindigkeit immer neuer Erkenntnisse auf vielen Gebieten lassen erwarten, dass es bereits in näherer Zukunft gelingen kann, einen von Menschen bewohnbaren Planeten per Raumschiff zu erreichen und zu besiedeln. Mit der zu erwartenden Folge, dass dieser Planet von seinen neuen Bewohnern (wenn er denn bewohnbar ist) genauso zerstört wird, wie der Mensch es mit der Erde tut. Der Mensch erweist sich als unfähig, sich in gebührendem Maße zurückzunehmen und die Existenz einer vielfältigen Flora und Fauna als eigene Lebensgrundlage zu akzeptieren, abgesehen von Ausnahmen, die die Regel bestätigen.

Der Weißkopfseeadler verschwindet

Fast zu spät waren Experten darauf gekommen, dass Weißkopfseeadler – nationales Symbol der Vereinigten Staaten – in ihrem Bestand zurückgingen. Der kanadische Ornithologe Charles Broley erwarb große Anerkennung durch die Beringung von über 1000 Weißkopfseeadlern in den Jahren von 1939 bis 1949. „Im Jahr 1947 nahm die Menge der Jungvögel das erste Mal ab. Zwischen den Jahren 1952 und 1957 blieben ungefähr 80 Prozent der Nester ohne Junge. [...] Im Jahre 1958 durchstreifte Mr. Broley über 160 Kilometer Küstengebiet, ehe er einen Jungadler aufspürte und ihn beringen konnte [...] Mr. Broley starb im Jahr 1959, und dadurch wurde diese wertvolle Reihe ununterbrochener Beobachtungen, doch Berichte der Audubon-Gesellschaft von Florida, auch solche aus den Staaten von New Jersey und Pennsylvania bestätigten diese Entwicklung, die uns wohl zwingen könnte, ein neues nationales Wappentier zu finden“ (Carson, 1962). Erst diese Erkenntnis führte zum Nachdenken und dem schließlichen Verbot der Anwendung von DDT (Dichlor-Diphenyl-Trichlorethan), einem vielfältig wirksamen Insektizid.

Diese politische Entscheidung zum Verbot eines Pflanzenschutzmittels hatte eine hohe symbolische Bedeutung, wenn man bedenkt, dass in genau diesem Zusammenhang Hunderte Arten der lebenden Fauna wie Vögel, Säugetiere, Fische und Insekten in den mit Gift besprühten Gebieten zu Milliarden starben. Neben vielen Erkrankungen war der Tod einer Hausfrau besonders drastisch, die nach der Anwendung eines Insektengiftes gegen Spinnen in ihrem Haus verstarb. Die National Audubon Society in Detroit erhielt zudem entsprechende Anrufe, wonach vor allem eine Vielzahl an sterbenden Vögeln beobachtet wurde. Doch Vögel waren nicht die einzigen unmittelbar betroffenen Lebewesen. Ein Tierarzt dieser Gegend berichtete, dass sich in seiner Sprechstunde Hunde- und Katzenbesitzer mit ihren plötzlich erkrankten Tieren drängten. Am meisten schienen die Katzen zu leiden, da sie sich ja stets sorgfältig das Fell putzen und die Pfoten lecken. Die Krankheit äußerte sich bei ihnen in schwerem Durchfall, Erbrechen und Krämpfen. Der Tierarzt konnte den Leuten lediglich raten, die Tiere nicht unnötig ins Freie zu lassen oder ihnen – falls sie draußen gewesen waren – sogleich die Pfoten zu waschen. Aber die chlorierten Kohlenwasserstoffe lassen sich nicht einmal mit entsprechendem Reiben von Früchten oder Gemüse abwaschen, daher konnte man nicht erwarten, dass diese Maßnahme vorbeugend wirkte. 90 % der Katzen starben noch während der ersten Sprühmaßnahmen mit Dieldrin.

Pflanzenschutzmittel gefährden Bienen

So wie das Beispiel des Weißkopfseeadlers zum Symbol für das Verbot der Anwendung des Pflanzenschutzmittels DDT wurde, entwickelt sich die Honigbiene zu einem Symbol, mit dem auf eine Vielzahl von aktuellen Gefährdungen verwiesen wird, denen Flora und Fauna ausgesetzt sind und die sich aus der Nutzung dieser sogenannten Pflanzenschutzmittel ergeben. Das andauernde Bienensterben wurde zum Anlass für vielfältige Untersuchungen. Mögliche Gefährdungen der Bienen beim Blütenbesuch von landwirtschaftlichen Kulturen wurden untersucht und hierbei ermittelt, inwieweit Pflanzenschutzmittel mit dem Blütennektar, dem Blütenpollen, den zuckerhaltigen Ausscheidungen von Pflanzensaugern, extrafloralen Nektarien oder den Guttationstropfen, die an den Blattspitzen von Mais ausgeschieden werden, beteiligt sind. Die Ergebnisse sind vielfältig und besorgniserregend.

Zwischen dem 14.05.2015 und dem 30.05.2015 wurden in Österreich nach starken Regenfällen insgesamt 32 Proben aus Wasserpfützen entnommen, die sich auf landwirtschaftlichen Flächen – unter anderem Mais-, Raps-, Soja-, Getreide-, Obst-, Feldgemüse- und Weinbau-Flächen – sowie in einem an eine Ackerfläche angrenzenden privaten Hausgarten gebildet hatten. Die Proben wurden an der Lebensmittelversuchsanstalt Klosterneuburg auf Pestizide untersucht. In Summe ließen sich in all den untersuchten Pfützen 58 verschiedene Pestizide nachweisen, darunter zahlreiche Unkrautvernichtungsmittel (Herbizide), Pilzbekämpfungsmittel (Fungizide) und Insektenvernichtungsmittel (Insektizide). In fast allen Pfützen befanden sich Abbauprodukte von Atrazin, einem Pestizid, das aufgrund seiner chemischen Langlebigkeit bereits 1995 verboten wurde.

Jede vierte Pfütze enthält einen fatalen Cocktail

Im Durchschnitt befanden sich in jeder Pfütze zehn Pestizide. Jeder vierte Pfützencocktail enthielt eine für Bienen fatale Kombination aus dem bisher nicht verbotenen Neonicotinoid Thiacloprid und einem Pilzbekämpfungsmittel. Thiacloprid gilt als bienenverträglich, da Bienen im Gegensatz zu den meisten anderen Insekten über einen Mechanismus verfügen, um dieses Neonicotinoid zu entgiften. Pilzbekämpfungsmittel aus der Gruppe der Azolfungizide sind aber in der Lage, genau diese Entgiftungsmechanismen zu blockieren, und erhöhen so die Bienengiftigkeit von Thiacloprid um das hundert- bis tausendfache, wie Laborversuche zeigten. In acht von 32 Pfützen wurden beide Insektizide in Kombination angetroffen.

Ackerpfützen als Hauptpfade der Pestizidexposition

Honigbienen sammeln Wasser – bei entsprechender Witterung bis zu einem halben Liter pro Tag – für ihr Volk. Pestizide sind je nach Dosis für Bienen sofort tödlich oder schwächen die Immunabwehr, das Orientierungsvermögen oder die Kommunikationsfähigkeit.

Vorfälle, die im Ergebnis der Anwendung von Pflanzenschutzmitteln auftreten, werfen die Frage auf, ob irgendein Kulturvolk einen erbarmungslosen Krieg gegen Lebewesen führen kann, ohne sich selbst zu vernichten und ohne das Recht zu verlieren, sich noch als Kulturvolk zu bezeichnen.

Querbeet 26

Insektenrückgang und die Folgen

Der Rückgang von Pflanzen- und Tierarten beunruhigt immer mehr Menschen. Ein Artikel mit dem Titel *Die Ameisen verschwinden – mit fatalen Folgen* unterstreicht, dass selbst die zahlreich vorhandenen Ameisen von dieser Tendenz nicht verschont bleiben. Diesmal wurde hervorgehoben, dass ein deutlicher Rückgang der Kerbameise (Formica foreli) und der Großen Wiesenameise (Formica pratensis) zu beklagen sei, deren Lebensraum um 80 % geschrumpft sei (Die Welt, 25.12.2014). Als Ursachen werden die Ausweitung der Landwirtschaft und die Verbuschung ehemaliger Truppenübungsplätze genannt. Gemeinsam mit der Düngung der Äcker, verbunden mit einem überhöhten Stickstoffeintrag, führt dies zu einem Einbruch der Artenvielfalt, in diesem Fall von Waldameisenarten.

Derartige Aussagen treffen auch meine nunmehr seit 15 Jahren vorliegenden Publikationen. Der Artenrückgang, wie er hier beschrieben wird, ist nicht zufällig, sondern hat konkrete und deshalb nachprüfbare Ursachen. Werden diese Ursachen richtig erkannt und zielstrebig angegangen, sozusagen an der Wurzel gepackt, kann der Rückgang einer ganzen Gruppe von Arten verlangsamt, vielleicht sogar verhindert und möglicherweise – mit etwas Glück – in der Tendenz umgekehrt werden. Bereits in meinem ersten veröffentlichten Buch *Die Honigbiene im Kreislauf des Waldes* (2002) habe ich die These formuliert, dass die Verdrängung der Honigbiene aus dem Wald in einem Zeitraum von 250 Jahren (etwa seit dem Jahr 1750) eine der Hauptursachen für den verheerenden Rückgang vieler Pflanzen- und Tierarten ist.

Die Hauptbegründung für diese gewagte These ist darin zu sehen, dass jedes Bienenvolk pro Jahr durchschnittlich 15,6 kg sterbende Bienen in die Natur entlässt. Der Mangel an einer derart umfangreichen Eiweißnahrung, wie sie von keinem anderen Lebewesen auch nur annähernd in der Natur zur Verfügung gestellt wird, erweist sich aus dieser Sicht heraus als Lösungsmöglichkeit für das Wiederherstellen der natürlichen Gegebenheiten.

Inseketenrückgang führt zu Pflanzenrückgang

Der Mangel an Honigbienen als Nahrungskomponente Insekten fressender Lebewesen wirkt sich wegen fehlender Blütenbestäubung auf die Pflanzenvielfalt aus und zerstört damit zugleich die Nahrungsgrundlage vieler Lebewesen. Die Verdrängung der Honigbienen aus dem Wald und ihre Konzentration an beziehungsweise in Ortschaften bildeten zugleich den Grundstein für den Niedergang der Waldameisen, aber auch anderer Lebewesen wie Singvögel, die Waldameisen als Nahrung nutzen. 33 % der Nahrung der Waldameisen sind Insekten, darunter die Honigbiene. Dieser Zusammenhang muss populärwissenschaftlich, also allgemein verständlich, aufbereitet und verbreitet werden, denn gerade die Verbreitung dieser Fakten lässt den kausalen Zusammenhang des Zusammenwirkens zwischen den Elementen in der Natur erkennbar werden.

Aus diesem Grunde wurde die erste Belegarbeit mit dem Titel „Die Honigbiene muss in den Wald zurück und flächendeckend leben“ versehen. Dabei sollte der Abstand zwischen allen Standorten von Bienenvölkern höchstens 5 km betragen, da die Biene, die mehrere Kilometer weit fliegen kann, zu den Waldameisen kommen muss, um von diesen als Eiweißnahrung genutzt zu werden.

Ein mittelgroßes Volk der Kahlrückigen *Waldameise* kann von April bis Oktober ca. 10 000 000 Insekten vertilgen. Diese Menge deutet darauf hin, dass zwar alle Insektenarten, die im Laufbereich eines Ameisenvolkes erbeutet werden können, vertilgt werden, lässt aber zugleich Zweifel aufkommen, ob auf der Fläche von etwa einem Hektar der genannte Nahrungsbedarf überhaupt gedeckt werden kann. Eine derartige Menge an Nahrung kann von keiner Insektenart allein bereitgestellt werden. Die Ausnahmestellung der Staaten bildenden Honigbiene ergibt sich aus dem so genannten „Totenfall“ während der biologisch aktiven Phase der Bienen, Ameisen und Blattläuse, die etwa von April bis Oktober andauert. Als Eselsbrücke: die Sommerbiene lebt nur 52 Tage, die Winterbiene 250 Tage. Dieser Sachverhalt verhilft zu der definitiven Feststellung:

Nahrung ist das entscheidende Regulativ für den Erhalt der jeweiligen Art
Zum Erhalt der Natur ist es erforderlich, die Lebensvoraussetzungen, insbesondere die Nahrung für die Honigbienen und die Waldameisenarten, zu sichern und damit zugleich die Blattläuse zu nutzen und zu unterstützen.

Die wissenschaftlich recht gut erforschte Honigbiene, die der einzige natürliche Honiglieferant für den Menschen ist und etwa 80 % aller Arten von Blütenpflanzen bestäubt, erweist sich aufgrund dieser neuen Erkenntnisse plötzlich und völlig unerwartet als bedeutendste Nahrungsquelle für Insekten fressende Lebewesen.

München Querbeet trägt durch die vierzehntägigen Veröffentlichungen von Textbeiträgen seit einem Jahr aktiv mit dazu bei, ein breiteres Publikum mit diesen neuen Erkenntnissen vertraut zu machen. Herzlichen Dank hierfür!

Querbeet 27

Insekten – Neue ökologische Konzepte

Insekten bilden die zugleich arten- und formenreichste Gruppe von Lebewesen. Drei Viertel der über eine Million beschriebenen Tierarten sind Insekten, und es kann davon ausgegangen werden, dass es noch einmal so viele Arten gibt, die bisher nicht entdeckt wurden (Urania Tierreich, Insekten; Urania-Verlag, Freiburg, 1968). Wolfgang Voigt geht in seinem aktuellen Gastbeitrag auf den ökologischen Nutzen von Insekten zur Erhaltung des ökologischen Gleichgewichts ein.

Die größte Aufmerksamkeit erhalten hierbei jene Insekten, die aus menschlicher Sicht, beispielsweise wegen ihrer Körpergröße (Hornissen und Käfer), wegen ihrer Farbenpracht (Schmetterlinge) oder wegen der Stärke ihrer Völker (Ameisen, Honigbienen, Termiten und Hummeln) in besonderem Maße auffallen. Andere Arten hingegen machen von sich reden, wenn sie aufgrund besonderer Umstände plötzlich in großer Zahl auftreten und dadurch ökonomischen Schaden verursachen. Diese Arten werden in der Folge disqualifiziert, indem sie als Schädlinge gebrandmarkt, verfolgt und mittels Gift bekämpft werden. Zu nennen sind hier exemplarisch die Borkenkäfer, die Eichenprozessionsspinner und die Buschhornblattwespen.

Auch seltene Insektenarten finden spürbare Aufmerksamkeit

Der „Runde Tisch Artenvielfalt und Biotopschutz“ in Dortmund hat dazu aufgerufen, Nester von Hosenbienen und Solitärwespen zu suchen und die jeweiligen Funde der Stadt mitzuteilen. Mit dem vorgesehenen Aufstellen von Schildern an den jeweiligen Fundorten sollen die Einwohner auf diese eher seltenen Insektengattungen aufmerksam gemacht und eine gewisse Sensibilisierung für diese, aber auch für andere, häufig unbekannte Arten erreicht werden.

Als signifikantes äußeres Merkmal der Hosenbiene sind die Pollenhöschen hervorzuheben, welche noch auffälliger sind als bei der Honigbiene, die in etwa die gleiche Körpergröße hat. Die Hosenbiene hat also extrem lange Sammelhaare an den Hinterbeinen – ein wesentliches Unterscheidungsmerkmal zwischen ihr und der Honigbiene.

Die Besonderheit bei Solitärwespen ist ihre Spezialisierung auf Beutetiere wie Spinnen, Blattläuse und Zikaden zur Fütterung ihres Nachwuchses.

Eine konkrete Aussage über die Häufigkeit des Auftretens der genannten seltenen Insektenarten, vor allem außerhalb der Stadt, kann zum gegenwärtigen Zeitpunkt noch nicht getroffen werden. Es ist aber ein lobenswerter Ansatz, in dieser Weise auf die Existenz von weniger bekannten Insektenarten, die in der Stadt leben, hinzuweisen und so sicher einen wertvollen Beitrag zu deren Erhalt zu leisten.

Insekten haben eine hohe Bedeutung für den Erhalt der Natur

Vor allem jene Staaten bildenden Insekten, die über eine große Volksstärke verfügen, haben eine immense Bedeutung für die sie umgebende Umwelt. Bei den solitären Arten, auf die diese Aussage nicht vollständig zutrifft, steht im Vordergrund, dass sie gewissermaßen eine Nischenfunktion ausfüllen. In einem eng begrenzten Umfeld mit einer häufig geringeren Reichweite bei ihrer Nahrungsbeschaffung pflegen sie quasi den Kontakt mit selteneren Pflanzenarten. Massenangebote von Blütenpollen werden vor allem von individuenstarken Insektenvölkern genutzt, von den solitär lebenden Arten allerdings ebenfalls nicht verschmäht. Jene Insektenarten, die über große Volksstärken verfügen, stellen zugleich eine Hauptnahrungsquelle für Insekten fressende Arten dar, wie zum Beispiel für die Gemeine Wespe. Ein Volk der Honigbiene, das auf eine Stärke von 30 000 bis 40 000 Individuen kommen kann, liefert beispielsweise durchschnittlich 15,6 kg sterbende Bienen pro Jahr in die Natur. Durch das Aufstellen von Honigbienenvölkern wird ein entsprechendes Nahrungsangebot an Eiweiß an jedem gewünschten Ort – also auch im Wald – gewährleistet. Sowohl Blütenpflanzen, die während ihrer Blühzeit Nektar und Pollen liefern, als auch räuberische Insekten wie die verschiedenen Ameisen- und Wespenarten, die vor allem während der Phase der Ernährung ihrer eigenen Brut einen hohen Bedarf an tierischem Eiweiß haben, sind also für den Erhalt der natürlichen Umwelt unabdingbar.

Land- und Forstwirtschaft verfügen über das erforderliche Potenzial

Es führt kein Weg vorbei an der Forderung, die gesamten außerhalb von Ortschaften gelegenen Flächen der Land- und Forstwirtschaft so zu gestalten, dass möglichst alle Elemente der heimischen Flora und Fauna erhalten werden. Dies trifft im Grunde auch auf jene Flächen zu, die nicht land- oder forstwirtschaftlich genutzt werden. Das entscheidende Ziel muss es sein, jegliche Anwendung von Umweltgiften – beschönigend als Pflanzenschutzmittel bezeichnet – weitestgehend zurückzufahren. Die Menschheit ist auch vor hundert Jahren nicht verhungert, als es noch gar kein Gift gegen sogenannte Schadinsekten gab. Die Hauptursache von Insektengradationen, auch Insektenkalamitäten genannt, sind Monokulturen in der Land- und Forstwirtschaft. In der Forstwirtschaft hat man begonnen, die Holzarten und Stufigkeit der Bestände zu mischen und damit eine Ursache für das Entstehen von Gradationen zu bekämpfen. Bis diese Maßnahme vollends greift, dauert es aber sicher mehrere Jahrzehnte.

In der Landwirtschaft besteht die reale Möglichkeit, den Insektenfraß in den angebauten Kulturen zu mindern, indem große Agrarschläge mit sogenannten ökologischen Riegeln neu strukturiert werden. Damit wird der Lebensraum der Hügel bauenden Waldameisenarten vom Menschen aktiv mitgestaltet. Derartige Riegel, bestehend aus locker angepflanzten Sträuchern und Bäumen, mit einer durchschnittlichen Breite von sieben Metern, die nebeneinander mit einem Zwischenraum von hundert Metern angelegt werden, berücksichtigen die etwa fünfzig Meter betragende Reichweite der Hügel bauenden Ameisenarten. Auf diese Art und Weise kann die landwirtschaftlich genutzte Fläche durch die räuberisch lebenden Ameisenarten vor unerwünschten Insekten geschützt und somit auf die Anwendung von Gift verzichtet werden.

Querbeet 28

Der Kampf Mensch gegen Natur

Es sind Menschen, die einen alles umfassenden Krieg gegen alle Lebewesen, sowohl der Flora als auch der Fauna, führen. In diesen Krieg sind die Menschen als denkende Wesen selbst eingeschlossen, da sie sich nicht nur untereinander helfen und unterstützen, sondern häufig etwa aus religiösen Gründen auch gegenseitig umbringen, mit jährlich Tausenden von Toten und noch mehr Verletzten. Das Macht- und Profitstreben der Menschheit mündet in Klimawandel, Raubbau an Ressourcen, Diebstahl persönlichen und gesellschaftlichen Eigentums, Umweltfrevel und -zerstörung, Alkohol- und Nikotinmissbrauch, auch Missbrauch wissenschaftlicher Erkenntnisse oder Machtmissbrauch. Darüber hinaus gibt es viele andere Sachverhalte, die dem harmonischen Leben auf diesem Planeten entgegenstehen.

Auf Insekten, die artenreichste Gruppe unter den Lebewesen der Fauna, hat es der Mensch in besonderem Maße abgesehen – einerseits wohlwollend, aber auch mit tiefem Hass verbunden. Sympathien werden vor allem solchen Insekten entgegengebracht, die selten und/oder optisch attraktiv sind, sodass sich das Auge daran erfreuen kann, zum Beispiel farbenprächtige Schmetterlinge und viele Käferarten, Bienen, Hügel bauende Waldameisen, Hummeln, prachtvolle Spinnen mit kunstvoll gewebten Netzen oder Termiten mit ihren riesigen Bauten, um hier nur einige zu benennen. Das Wohlwollen tendiert aber bei solchen Insektenarten in die entgegengesetzte Richtung, die das Profitstreben der Menschen tangieren, insbesondere im Falle der Schaden verursachenden, obwohl es auch hier ausgesprochen interessante und das Auge erfreuende Beobachtungen gibt, wie das Fraßbild eines Borkenkäfers, des Buchdruckers. Auch gegen die bei jedem Kind beliebten und bekannten Maikäfer und Marienkäfer wurden bereits Bekämpfungsmaßnahmen durchgeführt. Besondere Aufmerksamkeit erlangen auch solche Lebewesen, die sich Angriffen oder Bedrohungen durch Menschen erwehren können, mit Krallen und Zähnen, aber auch mit Gift, wie Schlangen und Skorpione, oder Dornen, wie das Heideröslein. Die unerwünschten Insektenarten werden dank der Intelligenz der Menschen etwa seit dem Zweiten

Weltkrieg mit Giften bekämpft. Mit erwünschter, jedoch hin und wieder aus dem Ruder laufender Wirkung.

Langzeitfolge des Einsatzes von Pflanzenschutzmitteln

Es ist bekannt, dass Schädlinge trotz des Einsatzes chemischer und auch biologischer Pflanzenschutzmittel nicht immer wirksam getötet werden, die Umwelt aber dennoch Schaden nimmt. Auf unbehandelten Flächen ist dagegen beobachtet worden, dass ein massenhaftes Auftreten von Schadinsekten bei Erreichen einer bestimmten Dichte von selbst wieder zurückgeht. Bei Populationen von derartigen Schadinsekten, aber auch von Säugetieren gibt es das mehr oder weniger periodische Anwachsen auf hohe Dichten, die dann unter Mitwirkung von Antagonisten auch ohne Einsatz von Pflanzenschutzmitteln zusammenbrechen. Die Landwirtschaft weiß, dass der Chemieeinsatz eine Spirale in Gang setzt, die immer höhere Mittelmengen zur Folge hat, mit langfristigen und oft auch verheerenden Auswirkungen auf Boden, Wasser, Luft, Menschen, Pflanzen- und Tierreich. Der Zustand unserer Ökosysteme, der heute zumindest im mitteleuropäischen Raum als bedrohlich eingeschätzt wird, ist eine Folge ungezählter scheinbar vernünftiger Einzelentscheidungen, die aber in der Summe ein Desaster ergeben. Auf dem Bayerischen Entomologentag vom März 1993 wurde zum Beispiel die großflächige Begiftung der Eichenwälder mit Dimilin und *Bacillus thuringiensis* mehrheitlich abgelehnt, und zwar mit der Begründung, dass beide Biozide als Breitbandgifte die besonders artenreiche Insektenfauna der Eichenwälder schädigten und schädigen (Priv.-Doz. Ernst-Gerhard Burmeister).

Hinzu kommt, dass Dimilin nicht nur Schädlinge, sondern auch zahllose Nützlinge tötet, wie zum Beispiel Blütenbestäuber sowie über die Nahrungskette Insektivoren (Insekten fressende Pflanzen) und Parasiten (Schmarotzerpflanzen oder -tiere). Die Einteilung von Organismen in die Gruppen der Schädlinge und der Nützlinge ist ausschließlich vom Wirtschaftsdenken des Menschen bestimmt und widerspricht ökologischem Denken. Das Abbauprodukt des Dimilin z. B. ist Chloranilin, das auch beim Störfall der Firma Höchst im Jahre 1993 entwich und als krebserregend gilt. Untersuchungen über die Auswirkungen der Sprüheinsätze mit Dimilin zeigen, dass neben Bestandseinbrüchen seltener Arten im Bekämpfungsgebiet auch Verluste ganzer Insektengruppen in nicht direkt besprühten Bereichen (Abdrift des Mittels durch Wind und Hubschrauberrotoren) beobachtet wurden.

Das Bakterium *Bacillus thuringiensis* wirkt schädigend auf alle Wirbellosen und führt zu inneren und äußeren Gewebezerstörungen (Entwistle et al. 1993).

Politische Konsequenzen

Ursache für die Zunahme von Schäden an Eichen seien eine durch den Klimawandel verursachte Schwächung der Bäume und Schadstoffeinträge aus Industrie und Landwirtschaft, so Christian Meyer, Stellvertretender Fraktionsvorsitzender Bündnis 90/Die Grünen.

„Die Landtags-Grünen haben Minister Lindemann aufgefordert, den Einsatz von Insektenvernichtungsmitteln in niedersächsischen Wäldern zu untersagen. ‚Solange nicht ausgeschlossen werden kann, dass Umwelt und Natur und die Gesundheit der Menschen gefährdet sind, ist eine derartige Maßnahme nicht zu verantworten.' Es sei fahrlässig, dass in der Vergangenheit ohne ausreichende Information der Öffentlichkeit hochproblematische Spritzmittel großflächig mit Flugzeugen ausgebracht und möglicherweise ahnungslose Waldspaziergänger gefährdet worden seien.

Die eingesetzten chemischen Wirkstoffe stehen im Verdacht, auch für die menschliche Gesundheit gefährlich zu sein, und werden im Rahmen der EU-Biozidrichtlinie auf ihre Auswirkungen für Mensch und Umwelt grundlegend überprüft."

Querbeet 29

Pflanzenschutz – liegen wir richtig?

Der Begriff Pflanzenschutz sagt aus, dass im Mittelpunkt der Aufmerksamkeit die Pflanzen stehen, die geschützt werden sollen. Dies ist bei den in der Blumenvase in der guten Stube nicht nötig, eine lebensverlängernde Düngung reicht hier aus. Sind die Blumen dann verwelkt, werden sie entsorgt. Auf dem Balkon und im Haus- oder Kleingarten hingegen wird schon mal zur Sprühflasche gegriffen, wenn sich Blattläuse oder anderes „Ungeziefer" beziehungsweise unerwünschte Insekten sehen lassen.

Bei großen Forst- und Agrarflächen wird es allerdings ernst. Auf derartigen Arealen werden des Öfteren großflächige Sprüheinsätze gefahren und damit vermehrt – auch prophylaktisch – unerwünschte Pflanzen oder Tiere bekämpft. Der Haken daran ist, dass alle anderen im jeweiligen Gebiet oder in dessen Nähe lebenden Arten – gleichgültig, ob selten oder geschützt oder auch aus menschlicher Sicht nützlich – mit besprüht werden.

Das ist schlicht als verantwortungslos zu nennen. Übrigens sind es nicht nur die Land- und Forstwirte und Fischer selbst, die solch kontaminierte Nahrung nicht zu sich nehmen möchten. Auch ranghöchste Politiker lehnen dies ab. Denken wir in diesem Zusammenhang zum Beispiel auch an die Produktion und Anwendung von Kernwaffen, deren radioaktiver Fallout nicht nur einen lokalen radioaktiven Niederschlag mit hohem Gefährdungspotential für die Bevölkerung und andere Lebewesen verursacht, sondern auch an den kontinentalen oder gar globalen radioaktiven Niederschlag, der über ein jahrelanges Gefährdungspotential verfügt (Hoffmann, 1984, S. 414). Man mag zur chemischen Schädlingsbekämpfung stehen, wie man will, um die Tatsache, dass die Auswirkungen der Mittel vielerorts schwerwiegende Eingriffe in das Gleichgewicht der Natur bedeuten, kommt niemand herum (Löbsack, 1963).

Regenwürmer sind unetbehrlich für das ökologische Gleichgewicht

„Von all den größeren Erdbewohnern ist wahrscheinlich keiner so wichtig wie der Regenwurm. Schon im Jahre 1882 [...] schrieb Charles Darwin ein Buch mit dem Titel ‚Die Bildung von Gartenerde durch die Tätigkeit von Würmern, mit Beobachtungen ihrer Lebensgewohnheiten'. Darin machte er der Welt das erste Mal die grundlegende geologische Rolle begreiflich, die Regenwürmer beim Transport der Erde spielen. Darwin schilderte, wie sich die Oberflächengesteine allmählich mit feiner Erde bedecken, die von den Würmern aus der Tiefe heraufgebracht worden ist – in besonders günstigen Gebieten sind es viele Tonnen für jeden Morgen Land. Gleichzeitig werden große Mengen organischer Stoffe, die in Blättern und Gräsern enthalten sind, in die Gänge hinuntergezogen und der Erde einverleibt – in sechs Monaten bis zu neun Kilogramm auf 0,8 Quadratmeter. Darwins Berechnungen zeigten, dass die mühselige Arbeit von Regenwürmern in einem Zeitraum von zehn Jahren vielleicht eine 2,5 bis 3,8 Zentimeter dicke zusätzliche Erdschicht schaffen kann. Das ist aber noch keineswegs alles, was diese Tiere leisten: Ihre Gänge durchlüften den Boden, sie sorgen dafür, dass er stets gut entwässert wird, und erleichtern es den Pflanzenwurzeln, in ihn einzudringen. Wenn Regenwürmer anwesend sind, vermögen die Bakterien den Stickstoff besser zu verarbeiten, und die Fäulnis im Boden wird geringer. Organisches Material wird abgebaut, wenn es durch den Verdauungstrakt der Würmer wandert, und durch die Ausscheidungsprodukte wird die Erde fruchtbarer." (Carson, 1962)

Regenwürmer sind Schlüssellebewesen für Bodengesundheit und Fruchtbarkeit

Alfred Grand, Regenwurmexperte und Betreiber von Europas führender Kompostfarm, hat festgestellt, dass ein Hektar gesunder Ackerboden bis zu eine Million Regenwürmer beherbergt, die einen unverzichtbaren Beitrag für die Funktion und Fruchtbarkeit des Bodens leisten. Mit der aufgrund des Klimawandels zu erwartenden Zunahme von Starkregenereignissen gewinnen Regenwürmer zusätzlich an Bedeutung, da sie die Wasseraufnahmekapazität des Bodens maßgeblich erhöhen und dadurch Überschwemmungen entgegenwirken. Doch je intensiver die landwirtschaftliche Nutzung, wie Bodenbearbeitung, Dünger- und Pestizideinsatz sind, desto weniger Regenwürmer finden sich im Boden. Von einigen Pestiziden war schon bekannt, dass sie den Regenwurm schädigen können. Dass aber das weltweit meistverwendete und bisher als unbedenklich eingestufte Glyphosat auch zu dieser Gruppe zählt, sollte uns alarmieren.

Auch Honigbienen sind betroffen

Die festgestellten Mängel im europäischen Zulassungsverfahren hinsichtlich des Risikos für Regenwürmer durch Herbizide weisen deutliche Parallelen zu den Mängeln bei der Risikobewertung für Bienen durch systemische Insektizide auf. Diese stehen allerdings mittlerweile außer Streit. Ähnliches gilt auch für die WHO-Einstufung von Glyphosat als „wahrscheinlich für den Menschen krebserregend", der ja bekanntlich eine Generalwarnung durch die Deutsche Zulassungsbehörde vorausgegangen ist. (ebd.)

Leider kommen noch immer sogenannte Pflanzenschutzmittel und genmanipuliertes Saatgut zum Einsatz, was Pflanzen- und Tierwelt, also auch Regenwürmer, nachhaltig gefährdet beziehungsweise schädigt. Nun ist schnelles Handeln gefragt: Die Politik sollte gesetzgebend eingreifen und Agrar- und Forstwirtschaft müssen sich verändern. Jeder Einzelne kann im Sinne von Natur- und Umweltschutz tätig werden. Es gibt viele Aktionsmöglichkeiten!

Effizienter Artenschutz durch Honigbienen-Fauna

Für den Schutz der einheimischen Arten, in besonderem Maße der Honigbienen, hat sich in den vergangenen Jahren eine breite Bewegung entwickelt. Für viele Menschen wurde der Artenrückgang zum Anlass, mit der Bienenhaltung zu beginnen und damit aktiv für den dauerhaften Erhalt eines der bedeutsamsten Lebewesen dieser Erde einzutreten.

Bereits die bloße Aufzählung der folgenden zehn Fakten über den allgemeinen Nutzen von Honigbienen macht deutlich, über welches Juwel die Natur mit eben den Bienen verfügt und warum diese ohne Wenn und Aber geschützt werden müssen:

1. Die größte Bedeutung des Wirkens der Honigbiene – allein pro Volk – liegt in der Blütenbestäubung, die jährlich mit einem Wert in Höhe von umgerechnet 153 Mrd. US-Dollar beziffert wird. Die Leistung der anderen an der Blütenbestäubung beteiligten Insekten, wie z. B. Fliegen, Wildbienen, Schmetterlinge, Ameisen und vielen anderen, wird auf einen Wert von drei Mrd. US-Dollar jährlich geschätzt. Doch Achtung: die Bestäubungsleistungen an wildlebenden Blütenpflanzen, die nicht der Nutzung durch Menschen unterliegen, wurden hierbei nicht berücksichtigt!
2. An zweiter Stelle stehen die pro Bienenvolk jährlich erzeugten 15,6 kg Biomasse, die als Nahrung für Insekten fressende und andere Lebewesen am Boden und in der Luft dienen – geschätzter Wert 1.070 €.
3. Nicht zu vergessen der Honigertrag von etwa 20 kg jährlich pro Bienenvolk.
4. Hinzu kommen ca. 900 Gramm Bienenwachs (pro Volk und Jahr) – das vor allem beim Wabenbau der Bienen genutzt wird, aber auch seit Menschengedenken zur Beleuchtung, insbesondere in Kirchen, genutzt wurde.
5. Die Propolis, auch Kittharz genannt, eine bernsteinfarbene harzähnliche Substanz, die über desinfizierende, keimtötende, mumifizierende und andere positive Eigenschaften verfügt, wird – wie der Blütenpollen – von den Bienen an Bäumen und Sträuchern an den Körbchen der Hinterbeine gesammelt.

6. Der Blütenpollen gelangt im Haarkleid der Bienen auf den Stempel der Blüten und befruchtet diese. Beim Besuch der Blüten gelangt Pollen zugleich in den aufgenommenen Nektar. Im Bienenstock wird der Pollen halbkreisförmig um das Brutnest eingelagert, festgestampft und erhält zur Konservierung einen Honigüberzug.
7. Perga, auch Bienenbrot genannt, entsteht aus dem in Waben eingelagerten Pollen, der chemisch aufbereitet wurde. Es dient den Bienen als Nahrungsquelle.
8. Weiselfuttersaft (Gelée royale oder auch Bienenköniginnenfuttersaft) ist der Futtersaft, mit dem die Honigbienen ihre Königinnen (Weiseln) aufziehen. Er wird an frisch geschlüpfte Larven eines Volkes und an Larven in Weiselzellen bis zum fünften Lebenstag verfüttert. Geschlüpfte Weiseln werden ausschließlich damit ernährt. Gelée Royale enthält u. a. Kohlenhydrate, Eiweiß, B-Vitamine und Spurenelemente und findet neben Propolis Verwendung in Nahrungsergänzungsmitteln und in kosmetischen Präparaten.
9. Das Bienengift ist eine Mischung verschiedener Sekrete und findet in der Humanmedizin bei der Hyposensibilisierung gegen Bienengiftallergien und anderen Therapien sowie in der Homöopathie Anwendung.
10. Die soziale Komponente der Bienenhaltung beinhaltet unter anderem die Notwendigkeit, dass alle Aufgaben im Zusammenhang mit der Bienenhaltung von Menschen gelöst werden müssen.

Flächendeckende Bienenhaltung

Diese Aufzählung verdeutlicht auf überzeugende Weise, dass Bienen sowohl für die gesamte Flora und Fauna als auch für den Menschen überaus bedeutsam sind, und dass das Ringen um ihren Erhalt größte Aufmerksamkeit erfordert. Bereits die Verdrängung der Bienen aus den Wäldern, ihrer ursprünglichen Heimat vor etwa 500 Jahren, und das Begrenzen ihres Lebensraumes, vor allem auf die von Menschen bewohnten Ortschaften, führte zu einer Ausdünnung des Besatzes von Agrar- und Forstflächen mit Bienenvölkern. Dieses langsame Entfernen der Bienen aus vielen Bereichen der Natur ist Ursache und zugleich Folge für den verheerenden Rückgang jener Pflanzen- und Tierarten in den zurückliegenden Jahrhunderten, die von und mit der Biene leben. Die alleinige Kenntnis, dass immer mehr Arten in ihrem Bestand zurückgehen und ihre Existenz damit massiv bedroht ist, nützt dem Menschen nichts. Es kommt darauf an, beharrlich nach Möglichkeiten der Arterhaltung zu suchen und diese, wenn sie denn gefunden wurden, auch zu nutzen.

Wenn es gelingt, die Tendenz des Rückganges der Arten zu stoppen, für einen Teil der betroffenen Arten zu verlangsamen und vielleicht – mit viel Glück – für nur einige in der Tendenz umzukehren, ist schon viel erreicht.

Nahrung ist das entscheidende Regulativ für den Erhalt der jeweiligen Art

Eine Vielzahl von Faktoren, die darauf Einfluss haben, ob die im ländlichen Raum lebenden Arten in ihrer Zahl zurückgehen oder sich progressiv entwickeln und deshalb in ihrem Bestand nicht gefährdet sind, fokussieren sich auf die konkrete Nahrungssituation der jeweiligen Art. Aus diesem Grund müssen neue Verbündete in der Land- und Forstwirtschaft, im Unwelt- und Naturschutz, in der Wissenschaft, in den Reihen des Verbraucherschutzes, in Bildung und Kultur sowie den verschiedensten Medien gesucht und dann in die Lösung der Probleme eingebunden werden. Die Forderungen der Imker an die Politik sind aus dieser Sicht neu zu definieren:

Unter anderem ist grundsätzlich ein flächendeckender Besatz des Territoriums mit Honigbienen im Umfang von minimal vier Bienenvölkern pro Quadratkilometer anzustreben und die finanzielle Sicherstellung der Bienenhaltung durch politische Entscheidungen zu gewährleisten. Dazu gehört auch eine angemessene Vergütung für die Arbeit der Imker, beispielsweise in zwei Tranchen für jedes Bienenvolk, jeweils im Frühjahr und im Herbst. Dies könnte ein wichtiges, wenn nicht gar entscheidendes Motiv für viele Menschen sein, sich als Imker zu betätigen und damit einer ausgesprochen interessanten und zugleich nützlichen, am Gemeinwohl orientierten Tätigkeit nachzugehen, die dem dem Erhalt von Flora und Fauna dient. Als Orientierungsgrundlage für eine staatlich zu definierende Norm könnte ein Bienenvolk auf zehn Hektar Landbesitz dienen.

Verbot von Chemie und Gestaltung ökologischer Riegel zum Schutz von Ameisen

Ein ökologischer Riegel ist vergleichbar mit einem Windschutzstreifen mit einer Breite von fünf Metern. Dieser Riegel verkleinert beziehungsweise zergliedert die genutzten Agrarflächen und die freie Landschaft im Interesse der Hügel bauenden Waldameisenarten, sodass diese die Agrarfläche im Umkreis von sechzig Metern um ihren Hügel herum vor Agrarschädlingen schützen. Diese ökologischen Riegel sollen Lebensraum für die natürlichen Gegenspieler der „Pflanzenschädlinge" sein, bieten darüber hinaus aber auch viele weitere ökologische Vorteile: So sind sie Heimstatt für viele Insektenarten, Kleinsäuger, Sing- und Greifvögel, aber auch Wanderungskorridor für Wildkatzen, die offenes Gelände meiden, sowie Deckung für verschiedene Wildarten. Die Realisierung eines derartigen Konzeptes ermöglicht es auch, die Anwendung von Pflanzenschutzmitteln (Umweltgiften) zurückzudrängen. Ebenso können bei der Ausgestaltung der zergliederten Agrarflächen die Arbeitsbreiten der Technik im notwendigen Umfang berücksichtigt werden.

Querbeet 31

Wo bleibt die biologische Vielfalt?

Die Landwirtschaft ist der Hauptfaktor in Bezug auf den Verlust biologischer Vielfalt. Dieser Auffassung ist Tom Kirschey vom *Naturschutzbund Deutschland e. V.*, und ich stimme ihm zu. Pestizide, Düngung, Eingriffe in den Landschaftswasserhaushalt, Bodenbearbeitung und Homogenisierung sowie der Verlust von Strukturelementen stellen hierbei die größten Gefährdungspunkte dar, so stellte der *NABU Brandenburg* bereits im Jahr 1999 fest. Über achtzig Sippen sind in den *Roten Listen* registriert, die als unmittelbar durch Landwirtschaft ausgerottet oder als verschollen gelten. (Kirschey, 2011) Bezüglich der Vogelarten muss sich der Naturschutz inzwischen nicht nur um die „alten Bekannten" in den *Roten Liste* sorgen, sondern sogar um „Allerweltsarten", wie die Feldlerche, deren Bestand sich in Brandenburg seit 1990 fast halbiert hat. Das Argument vieler Naturschützer, Landwirte würden durch die Rahmenbedingungen geknebelt und könnten ihre Entscheidungen nicht frei fällen, ist nicht korrekt. Niemand zwingt Landwirte, riesige ausgeräumte Ackerschläge aufrechtzuerhalten, diese oder jene Bewirtschaftungsmaßnahme durchzuführen oder gentechnisch veränderte Organismen anzubauen. Solche Entscheidungen liegen in ihrer individuellen Verantwortung. Auch muss diese Aussage nicht im Widerspruch zu der wichtigen Rolle der Landwirte als Produzenten stehen. Ihre Aufgabe ist es nach wie vor, Nahrungsmittel, Futterpflanzen und Rohstoffe in hoher Qualität und Quantität zu erzeugen und dabei ein günstiges Kosten-Nutzen-Verhältnis zu wahren.

Der ökologische Landbau verzichtet auf synthetische Düngemittel und Pestizide

Es wird oft vernachlässigt, dass eine bedarfsgerechte Düngung nie erreicht werden kann und dass kein Gift ausschließlich den Zielorganismus trifft. Geradezu pervers ist aber eine Entwicklung im Rübenanbau. Da die chemische „Begleitwuchsregulierung" immer besser gelingt, fehlt den Regenwürmern die Nahrung, sprich das Unkraut, weshalb sie selbst zu Rübenschädlingen werden. Und auch dagegen gibt es selbstverständlich ein chemisches Mittel. Wie weit ist es mit unserer „modernen" Landwirtschaft gekommen, dass wir beginnen, Regenwürmer zu bekämpfen? (Siehe auch Querbeet 29: Pflanzenschutz – liegen wir richtig?) Die Chemisierung der Landwirtschaft muss auch jenseits von Lebensmittelskandalen immer wieder thematisiert werden. Hinsichtlich der Pestizide ist der ökologische Landbau dabei eine echte Alternative!

Die Landwirtschaft wurde, auch global, zur Hauptursache für das Artensterben

In mancher Schutzgebietsordnung ist es ausdrücklich verboten, Arten – etwa durch Fotografieren – zu beunruhigen. Im gleichen Schutzgebiet darf der Landwirt Individuen derselben Art tausendfach töten, wenn dies in Ausübung seiner Nutzung geschieht. „In Naturschutzgebieten jedoch muss der Schutz der Natur Vorrang vor Nutzungsinteressen haben!" (Kirschey, 2011)

Ameisen, Bienen und auch Pflanzensauger sind Bestandteil der biologischen Vielfalt

Vergegenwärtigen wir uns noch einmal, was den ökologischen Landbau auszeichnet. Es ist der Verzicht auf synthetische Düngemittel und Pestizide. Eine derartige Entscheidung, die jedem Landwirt selbst obliegt, macht die Agrarflächen, die offene Landschaft, aber auch den Wald und die Schutzgebiete zum idealen Lebensort für alle in dem jeweiligen Gebiet heimischen Lebewesen der Flora und Fauna. Es wurde ein Konzept erarbeitet, wie die Lebensbedingungen für die drei genannten Arten flächendeckend auf dem gesamten Territorium des Landes gewährleistet werden können. Ausführlich wurde hierbei begründet, warum neben Alleen und Windschutzstreifen ökologischen Riegeln eine hohe Bedeutung zukommt, die zur Förderung der Hügel bauenden Waldameisen, den Beschützern von land- und forstwirtschaftlichen Kulturen, angelegt werden sollten. Zudem wurde nachgewiesen, dass ein flächendeckender Besatz des gesamten Territoriums mit Honigbienen, vor allem als Blütenbestäuber und Biomasse, ein entscheidender Weg sein kann, um ihr Eiweiß-Nahrungspotenzial von 15,6 kg pro Volk und Jahr während der Vegetationsperiode dauerhaft zu nutzen. Insbesondere die aktive Rolle der Honigbiene als Blütenbestäuber und die passive Rolle als Eiweißnahrung machen sie zum idealen Nahrungsspender für Ameisen und andere Insekten fressende Lebewesen. Die Ameisen wiederum leisten wegen ihrer Ernährungsweise einen wesentlichen Beitrag zur Erhaltung eines stabilen Gleichgewichtes zwischen den Arten. Die Pflanzensauger, als dritte Art im Bunde, dienen beiden genannten und vielen anderen Arten als Energiespender, vor allem durch zuckerhaltige Ausscheidungen, die sie nicht verdauen können.

Nahrung ist das entscheidende Regulativ für den Erhalt der Arten

Der Verzicht auf synthetische Düngemittel und Pestizide und das Zergliedern der großen Agrarschläge im Interesse der grundlegenden Verbesserung der Lebensbedingungen für die Hügel bauenden Waldameisen – der „Polizei des Waldes", wie sie früher bezeichnet wurden – durch die Sicherung der Lebensbedingungen für die Honigbienen und die Pflanzensauger ist der entscheidende Lösungsweg zur Gesundung der natürlichen Umwelt.

Neben Termiten (in anderen Klimazonen), Wespen und Hummeln haben Honigbienen und die Hügel bauenden Waldameisenarten die größte Anzahl an Individuen pro Volk. Blattläuse sind bedeutendster Faktor für die Energieversorgung der Ameisen. Erst wenn ihre zuckerhaltigen Ausscheidungen in so großer Fülle vorhanden sind, dass sie von den Ameisen nicht mehr aufgenommen werden können, kommt die Honigbiene ins Spiel und gewinnt aus den Ausscheidungen durch Bearbeitung im Bienenvolk den beliebten Wald- oder Blatthonig.

Querbeet 32

Eine Welt ohne Bienen ist undenkbar

Die amerikanische Umweltaktivistin Rachel Carson hat im Jahre 1962 in ihrem Buch *Der stumme Frühling* vor der Vergiftung der Umwelt gewarnt und die Anwendung von Pflanzenschutzmitteln als Praktiken gewinnsüchtiger Unternehmen entlarvt. Diese Aussage hat bis zum heutigen Zeitpunkt nicht an Aktualität eingebüßt. Die Gefährdungen der Tier- und Pflanzenwelt sind trotz ihrer Warnungen, die weltweit verbreitet wurden, in den vergangenen fünf Jahrzehnten nicht zurückgegangen. Im Gegenteil: Dadurch dass die Agrarwissenschaft kontinuierlich genetisch verändertes Saatgut entwickelte, das weiterhin auf Agrarflächen ausgebracht wird, haben diese stetig zugenommen. In diesem überschaubaren Zeitraum haben Menschen Ökosysteme schneller und umfangreicher verändert als jemals zuvor in vergleichbaren Epochen der Menschheitsgeschichte, vor allem um die schnell wachsende Nachfrage nach Nahrung, Wasser und Rohstoffen zu befriedigen. In Hunderten Pressebeiträgen und Büchern haben verschiedenste Autoren nachdrücklich auf die genannten Gefährdungen hingewiesen und die möglichen Auswirkungen sichtbar gemacht.

Zur Nationalen Strategie zur biologischen Vielfalt

Verantwortliche Politiker in Deutschland hat dies nicht sonderlich berührt, was besonders drastisch in der Nationalen Strategie zur biologischen Vielfalt erkennbar wird. In dieser Strategie gibt es die Begriffe Biene, Imker und Honig nicht, offenbar ist es beim Ringen um den Erhalt biologischer Vielfalt nicht mehr erforderlich, sich um den Erhalt dieser Spezies zu bemühen. Sind sie schon abgeschrieben und benötigen keine Unterstützung mehr? Aus den Vorbemerkungen geht hervor, dass es um die Wahrung der Lebensgrundlagen künftiger Generationen geht. Es wird die Frage beantwortet, welche Auswirkungen deutsche Aktivitäten auf die weltweite biologische Vielfalt haben. Und die Antwort lautet: „Deutschland beachtet in seinem Handeln umfassend die Auswirkungen seiner Aktivitäten auch außerhalb seiner Grenzen und übernimmt verstärkt Verantwortung für die weltweite Erhaltung biologischer Vielfalt. Unsere Ziele sind: Im Jahr 2020 stammen 25 % der importierten

Naturstoffe und -produkte (z. B. Agrar-, Forst-, Fischereiprodukte, Heil-, Aroma- und Liebhaberpflanzen, Liebhabertiere) aus natur- und sozialverträglicher Nutzung." (*Nationale Strategie zur biologischen Vielfalt*, 2007, S. 45)

Was für einen Grund hat die Bundesregierung, Honig aus einheimischer Produktion, der nur zu 20 % den Bedarf in Deutschland deckt, hier nicht zu berücksichtigen? 80 % des Bedarfs wird importiert. Die Außenhandelsstatistik belegt beispielsweise, dass im Jahr 2007 Honig aus 49 Ländern importiert wurde. Im gleichen Jahr exportierte Deutschland Honig in 69 Länder. Zusammengefasst wurden im Jahr 2009 insgesamt 92 946,2 t Honig importiert (2008: 91 920,0 t). Exportiert wurden 2009 29 030,1 t (2008: 27 597,2 t). Merken die verantwortlichen Politiker nicht, dass sich ihre Verhaltensweise in dieser Frage hemmend auf den Erhalt biologischer Vielfalt auswirkt?

Der Rückgang von Honigbienen

Am 30.06.2006 schrieb die *Welt*: „Dem Menschen geht die Nahrung aus. In Brasilien bestäuben Tagelöhner Nutzpflanzen von Hand, weil es nicht genügend Insekten gibt. Schuld ist die intensive Landwirtschaft [...] Nach Auffassung der Forscher ist der einzige Ausweg aus dieser Misere die Rückkehr zu naturnaher Gestaltung von Kultur- und Agrarlandschaften. Der Leiter der Abteilung Agrarökologie an der Universität Göttingen, Prof. Teja Tscharnke, sagte: ‚Nur auf diese Weise lassen sich die für Menschen wichtigen Dienstleistungen des Ökosystems, zu der auch die biologische Schädlingskontrolle gehört, nachhaltig sichern.'" (*Dem Menschen geht die Nahrung aus*, 30.10.2006) Zur Nutzung von Genmais gab es am 12.05.2007 einen Nachtrag: Auch wenn offiziell noch nicht bewiesen ist, dass genveränderte Pflanzen (Mais, aber auch Raps) für das Bienensterben verantwortlich sein könnten, ungefährlich ist der Genmais offenbar nicht. Die Meldungen überstürzen sich dieser Tage: Greenpeace stellt bei 600 Proben aus Deutschland und Spanien fest, dass die Giftmenge an BT-Mais bis zum Hundertfachen (!) variieren kann.

Der Europäische Berufsimkerverband

„Deutsche Imker klagen über ein geheimnisvolles Bienensterben – in den USA wächst sich ein ähnliches Phänomen schon zur Katastrophe aus [...] Viele Krankheiten seien dafür verantwortlich, dass die Bienen die Orientierung verlieren und nicht mehr in den heimischen Stock zurückfinden. Man hört [die Imker an] [...] und ignoriert weitgehend ihre Klagen. [...] In den USA ist ein dramatischer Bienenschwund zu beobachten [...] Mehr als 70 Prozent ihrer Bestände an der Ostküste seien verloren gegangen." Vermutet wird unter anderem „Colony Collapse Disorder" (CCD) [...] Walter Haefeker, Vizepräsident des Europäischen Berufsimkerverbandes, spekulierte, dass in Amerika mittlerweile 40 % der Maisanbaufläche mit genmanipulierten, insektenresistenten Pflanzen bestückt seien. Haefeker habe einem Forscher der CCD Working Group jetzt Informationen über einen Versuch mit Bienen zukommen lassen, der ihm schon lange als Indiz für einen möglichen Zusammenhang zwischen Gentechnik und Bienenkrankheiten gelte. (Ebd.)

Querbeet 33

Honigbienen werden durch Pflanzenschutzmittel getötet

Die Anwendung von Pflanzenschutzmitteln gegen Schädlinge von Kulturpflanzen und auch gegen Forstschädlinge sollte, wenn sie nicht vermieden werden kann, stets nach Einstellung des Bienenfluges am Abend, nach Sonnenuntergang erfolgen, auch wenn es sich um einzelne Pflanzen wie zum Beispiel. Obstbäume handelt. Pflanzenschutzmittel – Insektizide – töten Insekten, also auch Bienen. Die Bienen haben einen hohen Wasserbedarf und finden zielsicher selbst den einzelnen mit Gift besprühten Baum im Garten, um mit den Wassertröpfchen an der Pflanze ihren Wasserbedarf zu decken. Das wird der einzelnen Biene zum Verhängnis. Das Pflanzenschutzmittel kann, wenn es nach Sonnenuntergang auf Pflanzen gesprüht wird, über Nacht wirken, verliert bis zum folgenden Tag seinen Wassergehalt und damit einen großen Teil seiner Attraktivität für die Bienen.

Hat das überhaupt eine Bedeutung?

Nehmen wir an, dass Sie als Leser dieses Beitrages gerade in diesem Moment die Entscheidung getroffen haben, zur Sprühflasche zu greifen, um zum Beispiel Blattläuse an einem Baum in Ihrem Garten zu beseitigen. Sie sollten dafür einen Zeitpunkt mit schönem und trockenem Wetter wählen, damit Ihr Ansinnen möglichst umweltschonend realisiert werden kann. Bei Regenwetter werden die Gifte rasch ausgewaschen und gelangen in den Boden und ins Grundwasser und töten dort befindliche lebensnotwendige Mikroorganismen. Beim Sprühen am frühen Morgen, wenn der Tau noch an den Grasspitzen hängt, würden die Gifttropfen die ersten ausfliegenden Bienen treffen, die eine ergiebige Trachtquelle für ihr Volk suchen. Wenn diese zuerst ausfliegenden Bienen nicht in ihr Volk zurückkehrten, um über Tracht- und Wasserquellen zu „berichten", würden zunehmend weitere Bienen ausfliegen, um ihre Aufgabe zu übernehmen. Auch diese Insekten würde es treffen. Morgens zu sprühen ist also indiskutabel. Wird im Verlaufe des Tages gesprüht, wenn die Temperatur ansteigt und bis in den späten Nachmittag hinein hoch bleibt, führt dies zu einem raschen Verdunsten des flüssigen Teils des Sprühmittels. Während dieser Zeit wird jede Biene und jedes andere Insekt getötet, das mit dem flüssigen Teil des Sprühmittels in Berührung kommt, weil es seinen bei Wärme bedeutend höheren Flüssigkeitsbedarf decken will. Es bleibt aus dieser Erwägung heraus am sinnvollsten, in den Abendstunden zu sprühen, deutlich nach Sonnenuntergang, wenn die hohe Temperatur nachlässt. Zwar fliegen die Wasser holenden Bienen auch noch nach Sonnenuntergang bis in die Dämmerung hinein aus, jedoch führt es nicht zu einem verstärkten Bienenflug, wenn vergiftete Bienen in der zunehmenden Dämmerung nicht mehr nach Hause kommen. Dafür erhöht sich die Gefährdung für nachtaktive Lebewesen, die keineswegs unwichtiger sind als die am Tag aktiven.

Das Anwenden von Pflanzenschutzmitteln vermeiden

Zur Trachtzeit erneuert sich ein Bienenvolk alle vier bis fünf Wochen. Es sterben daher täglich mindestens 1 000 bis 2 000 Bienen pro gesundem Volk. Diese Bienen dienen vielen Lebewesen als Nahrung. Spitzmäuse, Singvögel, Wespen, Spinnen und auch Ameisen beteiligen sich an der „Entsorgung“ der abgehenden Altbienen.

Ein zu beachtender Aspekt besteht darin, dass alle Insekten und Kleinsäuger, die mit einem giftigen Pflanzenschutzmittel in Berührung kommen, von Insektenfressern aufgenommen werden können, die im unmittelbaren Umfeld leben. Man kann sich vorstellen, dass vergiftete Bienen gerade in der Brutzeit der Singvögel Nahrung für deren junge Brut darstellen. Erstmalig habe ich im Jahr 2015 in einem verlassenen Meisennest aus einem Nistkasten eine tote junge Meise entfernt, die bereits die ersten Federn hatte und zuvor möglicherweise mit vergifteter Nahrung gefüttert wurde. Die zwei anderen geschlüpften Meisen sind flügge geworden. Aus der Anwendung von Gift gegen „Pflanzenschädlinge“ entsteht eine mehrere Tage andauernde latente Gefährdung für alle Insekten fressenden Lebewesen, die vergiftete Insekten als Nahrung aufnehmen. Besonders in der Landwirtschaft mit ihren großen blühenden Flächen werden beim Sprühen neben dem Zielorganismus auch alle anderen auf dieser Fläche vorhandenen Insekten erfasst. Die krasseste Auswirkung zeigt sich darin, dass die nunmehr vergiftete zweite Reihe, die gar nicht Ziel der Anwendung des Pflanzenschutzmittels war, erkranken und sterben kann, um somit leichte Beute für die dritte Reihe zu werden, die zumindest Bauchgrimmen bekommt oder ebenfalls stirbt.

Die Land- und Forstwirte können die ökologisch richtige Entscheidung treffen

Zu erwähnen ist der Landwirt, der Pflanzenschutzmittel einsetzt, wenn er seine Ernteergebnisse gefährdet sieht. In manchen Fällen setzen die Anwender mehrere verschiedene Pflanzenschutzmittel ein. Als besonders gefährlich werden Mischungen aus mehreren Komponenten eingeschätzt, da ihre Toxizität gegenüber einzeln angewandten Mitteln bis zum Tausendfachen steigt. Gerade ein derartiges umweltfeindliches Handeln muss durch ökologisch zweckmäßiges Verhalten rasch zurückgedrängt werden. Da der Mensch vielfacher Nutzer des Lebensraumes Erde ist, hat er auch die Aufgabe, alle Gefährdungen rasch zu beseitigen, die er aufgrund seiner fehlerhaften Entscheidungen zu verantworten hat. Für das Leben auf der Erde werden keine Gifte benötigt, sie füllen höchstens die Taschen der Produzenten, wie das auch für andere Produkte gilt.

Querbeet 34

Lebender Sonnenkollektor?

Ein Jungjäger hat bei der Pirsch im zeitigen Frühjahr beobachtet, wie ein Ameisenvolk der Hügel bauenden Waldameisen in der Sonne liegend einen lebendigen Klumpen bildete. Er fotografierte das Naturschauspiel, das er zuvor noch nie gesehen hatte, und übersandte das Foto an die Monatszeitschrift *Unsere Jagd* (3/2016, S. 48) mit der Frage, ob diese kleinen Tierchen Sonne tanken. Dieses Verhalten sei ihm bis heute ein Rätsel. „Falls Sie wissen, was die Ameisen dazu bewegt haben könnte, schreiben Sie bitte an unserejagd@dlv.de."

Einem derartigen Angebot kann eigentlich gar nicht ausgewichen werden, wenn man bereits seit Längerem engen Kontakt mit den Hügel bauenden Ameisen hat. Deshalb schrieb ich einfach drauflos:

Zunächst meine Bestätigung. Das Foto eines Ameisenvolkes im Frühling ist korrekt beschrieben. Seit 1999 wird dieses Thema von mir bearbeitet und in diesem Zusammenhang herausgearbeitet, dass Honigbienen, Waldameisen und Blattläuse eine identische biologisch aktive Phase vom Frühjahr bis zum Herbst haben. Dokumentiert ist dies in sechs Büchern, die im Frieling-Verlag Berlin erschienen sind. Das Bild zeigt die Besonnungsphase eines Hügel bauenden Ameisenvolkes im Frühjahr.

Meine Beschreibung der Besonnungsphase

Während der kalten Jahreszeit zieht sich ein Ameisenvolk in den Boden zurück und überwintert in einer Kältestarre, bis die Nestkuppel im Frühjahr von der Sonne erwärmt wird. Zunächst begeben sich einzelne Ameisen an die Nestoberfläche und „tanken" Sonne. Ist ihr Körper erwärmt, holen sie ihre Familienmitglieder, die sich noch in der Kältestarre befinden, ebenfalls an die Erdoberfläche, damit auch diese Wärme tanken können. Dies wird so lange wiederholt, bis sie mit ihren Körpern die Temperatur im Ameisenhügel so weit erhöht haben, dass biochemische Prozesse von selbst starten und die zum Leben erforderliche Nesttemperatur erhalten bleibt. Dieser Vorgang vollzieht sich bei allen Hügel bauenden Waldameisenarten.

In meinem Buch *Walderkrankung – Artenrückgang – Klimawandel – Bienensterben* sind auf Seite 24 zwei derartige Ameisenvölker während der Besonnungsphase abgebildet. Doch bereits in meinem Buch *Die Honigbiene im Kreislauf des Waldes* wurde im Jahr 2002, während der Landesgartenschau in Eberswalde, ein natürlicher Kreislauf gegenseitiger Förderung und Abhängigkeit zwischen Honigbienen, Waldameisen und Blattläusen durch Prof. Dieter Otto von der Hochschule für nachhaltige Entwicklung Eberswalde dokumentiert. Er schrieb dazu:

- Die Waldimkerei, die große Menge absterbender Honigbienen und das Gedeihen der Waldameisenbestände infolge verbesserten (Eiweiß-)Nahrungsangebotes in einen Zusammenhang zu bringen und dies auch unter historischem Aspekt zu sehen – dieser Zusammenhang wurde noch nie so erkannt und dargestellt.
- Es wird ein natürlicher Kreislauf gegenseitiger Förderung (und Abhängigkeit) deutlich zwischen Waldameisen (Formica-rufa-Gruppe), Honigtau liefernden Blattläusen und Honigbienen aus der Waldimkerei.
- In dem Paket von Maßnahmen zur Förderung der Waldameisenbestände könnte die Aufstellung von Wanderbienenständen in Kolonienähe ein weiterer wirkungsvoller Faktor werden.

Helmut Reiter, ein Rezensent dieses Buches, schrieb begeistert: „Die Auflage dieser Broschüre deckt eine bisherige Lücke in der Imkerliteratur ab. Vor ca. zehn Jahren verfasste ich ein Gutachten über die Notwendigkeit der Honigbiene für den Wald. Im Gutachten waren die Quellenangaben für die getroffenen Aussagen aufzuführen. Genau alle diese Angaben und noch viel mehr enthält dieser Band.

Der Autor ist der Ansicht, dass nur mithilfe der Honigbiene dem Waldsterben ein Ende gesetzt werden kann. Die Honigbiene muss im Wald flächendeckend ihre Pflicht als Bestäuberin, als Honigtauabnehmerin und als absterbende Biene die Ernährung von Ameisen, Vögeln etc. erfüllen können. Je Bienenvolk kommen ca. 10 bis 15 kg Biomasse in den Wald. Bienenvölker im Wald bewirken ein Ansteigen der Ameisenvölker – und Vogelzahl. Er führt zahlreiche Beispiele als Beweis für seine Thesen an.

Wie gesagt, ein Buch, das dieses Thema so genau behandelt, fehlte bisher auf dem Büchermarkt [...] Wie er schreibt, ist es ihm ein Anliegen, dass der Kreislauf Biene – Insekt (Ameise) – Vogel – Pflanze – Mensch im Wald wieder in Ordnung gebracht werden muss. Dies kann nur durch ein flächendeckendes Verbringen der Bienenvölker in den Wald erreicht werden."

Das Beste zum Schluss: Die Erstauflage des Buches ist vergriffen. Nach Umstellung auf Digitaldruck und Neuformatierung wird das Buch zum Preis von 6,90 Euro bestell- und lieferbar bleiben.

Querbeet 35

Wertlos oder unbezahlbar?

So titelte am 12.09.2012 die überregionale Tageszeitung *Neues Deutschland* und zitierte die deutsche Presseagentur. Da das Thema unerschöpflich ist, sei auch hier zitiert, was die dpa zu berichten hatte:

„Naturschützer legen eine Liste mit 100 meistbedrohten Arten vor. Eine Liste mit den am stärksten bedrohten Arten hat die Weltnaturschutzunion (IUCN) veröffentlicht. ‚Alle aufgelisteten Arten sind einzigartig und nicht zu ersetzen. Wenn sie verschwinden, kann sie kein Geld mehr wiederbringen.' […] In dem Bericht sind nicht nur Tierarten aufgelistet – auch Pflanzen und Pilze könnten bald für immer verschwinden. Die Umweltstiftung WWF (World Wide Fund For Nature) bezeichnete die Ergebnisse in einer Mitteilung als ‚äußerst alarmierend' und forderte Sofortprogramme zur Rettung der Spezies. Ursachen für das Artensterben seien unter anderem die ungebremste Lebensraumzerstörung, der Klimawandel und die Wilderei. ‚Die hundert Arten auf dieser Liste sind nur die Spitze des Eisberges', betonte Volker Holmes, Leiter Artenschutz beim WWF Deutschland, ‚nur der Mensch als Verursacher des Artensterbens kann es auch beenden […] Neueste Erhebungen gehen davon aus, dass die derzeitige Aussterberate, die vom Menschen verursacht wird, um den Faktor 100 bis 1 000 über dem natürlichen Wert liegt.'

Die Menschen werden durch eine aufmerksame Presse zunehmend sensibilisiert

Rund 115 derartige längere und auch sehr kurze Beiträge aus den verschiedensten Tageszeitungen in Deutschland sind auf den Seiten 114 bis 156 des Naturschutzbuches *Kommt der graue Frühling? Dem Bienensterben entgegenwirken – Jeder kann etwas tun!* aufgeführt. Etwa 310 Personen wurden bei dieser Aufzählung namentlich, teilweise mehrfach erwähnt. Dies zeigt, dass der Naturschutzgedanke bei den Journalisten und in der Bevölkerung angekommen ist und tatsächlich in zunehmendem Maße danach gelebt wird.

Seit etwa 25 Jahren (1991) wurde in den verschiedensten Medien und ab 2002 in Büchern für ein neues Herangehen an die Fragen des Naturschutzes geworben. Dabei wurden Honigbienen, Waldameisen und Blattläuse als entscheidende Elemente für die biologische Vielfalt herausgearbeitet. Diese drei Elemente in der Natur haben neben anderen Seiten des Naturschutzes die größte Bedeutung. Es fällt den Menschen wie Schuppen von den Augen, dass diese drei Arten mit ihren großen Volksstärken einerseits am auffälligsten sind und dadurch andererseits auch das größte Gewicht beim Erhalt der natürlichen Umwelt haben. Honigbienen sind die einzigen Nektar- und Pollensammler, denen wir ihr Sammelgut stehlen können. Sie sind Blütenbestäuber von ca. 80 % aller Blütenpflanzen, aber vor allem sind sie als Biomasse Nahrung für Insekten fressende Lebewesen. Auch der Mensch ist Nutzer der Honigbienen. Waldameisen wiederum halten ihren Lebensraum von einer Vielzahl von Insekten frei – bis zu einer Entfernung von maximal 60 Metern um das Brutnest, den Ameisenhügel, herum – und geben sogenannten Schädlingen keine Chance, sich in diesem Bereich zu stark zu vermehren. Auch sterbende Honigbienen werden entsorgt. Und Blattläuse, von denen es wie bei den Ameisen viele Arten gibt, werden sowohl von den Ameisen als auch von den Bienen wegen ihrer zuckerhaltigen Ausscheidungen genutzt. Zugleich sind sie für die Ameisen Eiweißnahrung, denn nicht nur die zuckerhaltigen Ausscheidungen finden eine Verwertung. Es muss hervorgehoben werden, da dies nicht nachlesbar ist, dass alle drei hier erwähnten Arten eine nahezu identische biologisch aktive Phase haben, die vom zeitigen Frühjahr bis zum Herbst dauert. Das heißt, dass während der kalten Jahreszeit alle drei Arten keine aktive Rolle spielen. Sie verhalten sich passiv. Bienen sind in der Wintertraube, Waldameisen im Boden, unter ihrem Nesthügel im frostfreien Bereich, und Blattläuse ziehen sich im Überwinterungsstadium wie in einer Notgemeinschaft zusammen. Alle drei Arten haben ihr aktives Leben für eine Ruhephase unterbrochen und ihre Aktivitäten dem Klima gemäß stark reduziert.

Schlussfolgerung:

Allen hier dargestellten Sachverhalten zu ökologischen Aspekten ist eines gemeinsam: Sie befassen sich mit Erfordernissen, die die Perspektive der Menschheit auf unserem Planeten bedeutsam machen. Das lässt erkennen, dass die Bürger unseres Landes dem Erhalt von Flora und Fauna zunehmend stärkere Beachtung beimessen. Diesem Anliegen müssen auch die Regierenden gerecht werden, indem sie die Voraussetzungen für die Realisierung dieser ökologischen, aber auch humanistischen Zielstellungen durch eine den Anforderungen gerecht werdende Gesetzgebung schaffen. Dazu sind jedoch erhebliche ökonomische Ressourcen erforderlich, die bereitgestellt werden müssen, wenn diese anspruchsvolle Aufgabe erfolgreich gemeistert werden soll.

Dem Erhalt von Flora und Fauna kommt höchste Priorität zu. Vor allem dem Erhalt der zahlenmäßig starken Insektenvölker, nämlich:

- der Honigbiene, die fast vollständig von Menschen betreut werden muss und dabei vielfältigste Aufgaben wahrnimmt;
- der Hügel bauenden Waldameise, die durch ihre räuberische Lebensweise den meisten Pflanzenarten dabei behilflich ist, sich der verschiedensten Insekten zu erwehren;
- der Pflanzensauger, die durch die Versorgung mit Siebröhrensaft den beiden vorgenannten Elementen eine wichtige Komponente hinzufügen.

Querbeet 36
Genveränderte Nahrung harmlos?

Landwirten zu unterstellen, dass ihre Bemühungen um erfolgreiche Saatgutvermehrung und Sortenzüchtung als Produktionsmethoden uneffektiv seien, ist der über viele Jahre erfolglose Versuch, ihre Erfahrungen als Blödsinn zu disqualifizieren. Genetisch veränderte Nahrung sei harmlos, sagen die Befürworter. Dies sind vor allem die Produzenten. Sie wollen vordergründig mit modernen Produktionsmethoden, der Gentechnik, vor allem höhere Erträge gewinnbringend vermarkten. Daraus entstand ein gespaltenes Lager. Die Befürworter sahen in der Gentechnik einen modernen Ansatz, etwas Neues zu gestalten. Wer kann sich dem schon widersetzen? Die Gegner dieses angeblich modernen Ansatzes sahen demgegenüber große Gefahren auf sich zukommen. Sie fürchteten, dass althergebrachte Sorten, auf die sie sich jahrzehntelang verlassen konnten, ihre Attraktivität verlieren und langsam, aber sicher in der Bedeutungslosigkeit versinken, möglicherweise gar aussterben und nicht mehr für notwendige Züchtungen zur Verfügung stehen würden. Doch wer hat recht, die Befürworter dieses zweifelhaften Fortschrittes oder seine Gegner, die glauben, althergebrachte Methoden seien eine sicherere Bank? Die Widersprüche, die in der Zwischenzeit etwas angegraut sind, wurden noch keiner abschließenden Bewertung unterzogen. Viele handeln nach dem Motto: Nach mir die Sintflut. Der Beweis für die Vorteile gentechnisch manipulierten Saatgutes wurde noch nicht erbracht.

Sind es tatsächlich höhere Erträge, die erzielt werden?

In Pressebeiträgen wird seit vielen Jahren dafür geworben, der Natur zurückzugeben, was der Natur gehört. Es ist die Anwendung von sogenannten Pflanzenschutzmitteln, mit der sogenannte Schädlinge beseitigt und natürlich sichere und möglichst hohe Ernteerträge erzielt werden sollen. Bei einer derartigen Anwendung ist es aber so, dass die Umwelt systematisch vergiftet wird. Zugleich soll der Kunstgriff, Organismen genetisch zu verändern, dazu beitragen, stabile Ernteerträge zu sichern und so die Ernährungssicherheit zu gewährleisten. Ohne dies zu kommentieren, sollen einige Beispiele diese Aussage zumindest infrage stellen. Zuchterfolge in der Vergangenheit haben stets zur Erhöhung der Qualität des Erntegutes beigetragen. Das wird auch in der Zukunft so sein. Was sich nicht bewährt, wird konsequent eliminiert. Dies hat auch Vorteile, weil das angebotene Saatgut tatsächlich höhere Erträge verspricht und darum bei den Landwirten eine entsprechende Berücksichtigung findet. Ihre Entscheidung, zu derartigem Saatgut zu greifen, ist allerdings auch häufig damit verbunden, dass die großen Saatgutkonzerne dieses generell mit dem dazugehörigen Pflanzenschutzmittel gegen ganz bestimmte Schädlinge vertreiben. Der Landwirt befindet sich mit dieser Praxis von Kombinationsgeschäften in einer Zwickmühle. Er ist gezwungen, sich zu entscheiden, ob er das Saatgut erwirbt – und gezwungenermaßen gleich das Pflanzenschutzmittel mit dazu – oder ob er sich für eine andere, traditionelle Variante entscheidet.

Ökologischer Landbau bleibt die einzige, aber auch die zweckmäßige Alternative

Es bleibt auch zukünftig so, dass all das, was in der natürlichen Umwelt abläuft, vom Menschen gesteuert wird. Dabei ist keiner davor gefeit, sich auch einmal zu irren. Aber es ist allen zu empfehlen, beständig und wiederholt zu prüfen, ob der eigene Standpunkt der richtige ist oder ob die Empfehlungen von Fachleuten nicht besser sind und befolgt werden sollten. Sich selbst einen Kopf zu machen, ist allerdings durchaus ein guter Ratgeber. Eine kritische Position schützt auch hin und wieder vor Fehlentscheidungen. In den bisherigen Veröffentlichungen wurden immer wieder Details zu den verschiedenen Aspekten der natürlichen Umwelt zusammengetragen. Vergleicht man diese, so wird sichtbar, dass die Natur auf alle Umwelteinflüsse eine Antwort geben kann. Wenn also bei den einheimischen Hügel bauenden Ameisenarten herausgearbeitet wird, dass sie etwa einen Hektar Fläche vor Insektenfraß beschützen können, weil sie nur eine Reichweite von ca. sechzig Metern um den Ameisenhügel herum haben, kann doch mit diesem Wissen die für die Landwirtschaft wichtige und auch effektive Nutzung der Ameisenvölker erfolgen. Der Schutz landwirtschaftlicher Kulturen auf einer Fläche von einem Hektar bedeutet doch auch, dass auf dieser keine Pflanzenschutzmittel ausgebracht werden müssen. Dies schont die Umwelt und die Ameisenbestände und kann auch zum Einsparen von Pflanzenschutzmitteln und damit von Kosten beitragen. Zugleich wird sichtbar, dass es überhaupt nicht erforderlich ist, riesige Technik und umfangreiche Giftmengen einzusetzen.

Ebenso wird sichtbar, welche Vorteile es bringt, auf solch riesigen Flächen auch einzelne Baumgruppen, Heckenreihen und Ähnliches zu gestatten. So können heimische Insekten und Kleinsäuger auf den großen Schlägen gute Lebensvoraussetzungen finden, von denen auch die folgende Reihe profitieren kann, ohne erst einmal vergiftet zu werden. Wichtig bleibt es auf jeden Fall, dass nichts dem Zufall überlassen wird. Der Betreiber großer landwirtschaftlicher Technik, wie zum Beispiel Mähdrescher oder Drillmaschinen, kann doch möglicherweise um eine Hecke oder einen Busch herumfahren, damit diese natürlichen den Acker zergliedernden Elemente den bestmöglichen Nutzen für den Landwirt bieten. Solche Auflockerungen sollten innerhalb der Reichweite von Hügel bauenden Waldameisen stets stehen gelassen werden, um diese effektiv zu nutzen. Wer auf seiner Agrarfläche viele Ameisenhügel hat, braucht kein Pflanzenschutzmittel zu kaufen und auszubringen.

Kapitel 3: Ökologische Aspekte der Rolle der Honigbiene in der Natur

Diavortrag – Bilderliste – Übersicht

1.	Einstimmungsbild: Handzettel zum ersten Buch „Die Honigbiene im Kreislauf des Waldes“
2.–6.	Sitzfigur und Hieroglyphen auf der Sitzfigur von Amenemhet II.
7.	Die Gewinnung von Bienenhonig und -wachs durch Zeidler
8.–14.	Duftraute Euodia, Blühzeit Mitte Juli bis Mitte September, Nektar 4, Pollen 3. Blühdauer zwei Wochen
15.	Versuchsanfang: Was machen Ameisen mit sterbenden Bienen?
16.	Kleine Waldameise – Formica polyctena, Futtersprache – Verständigung
17-1 u. 17-2.	Der Samen von Vergissmeinnicht und Veilchen wird durch Ameisen verbreitet
18.	Der Nutzen von Hügel bauenden Waldameisen: die Waldameisen als wichtiges Schlüsselglied im Ökosystem Wald
19.–24.	Ameisenhügel, häufig mit Baumstubben als Nestkern
25.-33.	Formikarien
34.	Bautraube von Jungbienen
35.–37.	Schwarmfänger mit Eichenrinde von Ruppertshofen, Mölln

Ökologische Aspekte der Rolle der Honigbiene in der Natur

An den Anfang meiner Ausführungen zu diesem Lichtbildervortrag möchte ich stellen, dass es beabsichtigt ist, vor allem jene ökologisch determinierten Aspekte der Honigbienenhaltung vorzutragen, die Gegenstand einer naturwissenschaftlichen Entdeckung sind, die mir zum Ende des Jahres 1999 gelang. Diese Entdeckung zum Allgemeingut werden zu lassen, ihre abzuleitenden Konsequenzen beharrlich in der Praxis umzusetzen und damit dem Anliegen des Vortrages möglichst umfassend gerecht zu werden, ist das Ziel, zu dem ich mich Ihnen gegenüber verpflichtet fühle.

Gefährdungen für Flora und Fauna in der natürlichen Umwelt und dem immer schneller verlaufenden Rückgang von Pflanzen und Tierarten gilt es rasch, unter Einsatz aller erforderlichen Mittel und zugleich wirksam entgegenzutreten. Britische Wissenschaftler haben, möglicherweise nach der Übergabe von Informationen zu meiner naturwissenschaftlichen Entdeckung durch Dr. Wolfgang Zeller, den damaligen Vorsitzenden des Landesverbandes Brandenburgischer Imker, in Form eines Faltblattes an eine Imkerdelegation aus Kent unter der Leitung von Mr. B. Palmer, im Jahr 2005 erstmalig einen engen zeitlichen Rahmen von nur zehn Jahren definiert, an dem es „kein Zurück" mehr geben kann. Ein Zeitpunkt also, zu dem der Rückgang von Pflanzen- und Tierarten nicht mehr umkehrbar sein soll. Definitiv wäre dies das Jahr 2014. Wir, die Teilnehmer die-

Handzettel zu »Die Honigbiene im Kreislauf des Waldes«

ser Veranstaltung, erleben diese Voraussage sozusagen hautnah. Floskeln wie „unseren Kindern und Enkeln eine lebensfähige, gesunde Umwelt zu hinterlassen“ erweisen sich unter dem Eindruck der aktuellen Realitäten dieser Welt als absurd und kaum noch realisierbar.

Die stellvertretende Fraktionsvorsitzende der CDU im Brandenburger Landtag, Barbara Riechstein, die am 17. Dezember 2005 meine Tischnachbarin im Krongut Bornstedt war und der ich meine Intentionen vortragen konnte, stimmte mit mir darin überein, dass es erforderlich sei, über parteipolitische Grenzen hinweg unverzüglich aktiv zu werden und unserer gemeinsamen Verantwortung für den Erhalt – und wenn möglich die Wiederherstellung – einer gesunden natürlichen Umwelt gerecht zu werden. Es muss allerdings nüchtern konstatiert werden, dass es im Jahre 2016, also 17 Jahre nach meiner Entdeckung, noch nichts Verkündenswertes bezüglich der Honigbiene gibt. Deshalb ist hervorzuheben:

Die Honigbiene spielt nicht nur eine aktive Rolle als Bestäuber vielfältiger Blütenpflanzen, sie ist auch passiv als beachtliche Nahrungskomponente (als Proteine) für Insekten fressende Lebewesen ein absolutes Schwergewicht.

Bisher gibt es keine belastbaren Fakten, mit denen belegt werden kann, dass diese Erkenntnisse schon irgendetwas bewegt hätten. Auch europa- und weltweit sieht es nicht besser aus. Die achte UNO-Konferenz über Biologische Vielfalt ist Ende März 2006 nach vorherrschender Teilnehmermeinung ergebnislos zu Ende gegangen. Eine der bekanntesten Anthropologinnen Brasiliens, Manuela Carneiro da Cunha (Universität Chicago), sagte dazu: „Es ist ein Unding, die Diskussion über den Zugang zu Bioressourcen und über die gerechte Verteilung des Nutzens der Artenvielfalt auf die neunte Konferenz 2008 in Deutschland ergebnislos zu vertagen.“

Der Abteilungsleiter Naturschutz im Bundesumweltministerium, Jochen Flasbarth, äußerte sich verhalten: „Der Prozess ist erschreckend langsam.“ Trotzdem sieht er eine gute Verhandlungsbasis für die nächste Konferenz in Deutschland. Auch persönlich neige ich dazu, UNO-Konferenzen als

Chance zu sehen, wenn sie entsprechend vorbereitet und nicht vertan werden. Damit entsteht ja auch die Chance, den Stellenwert der Honigbiene zu erhöhen und ihrer Schlüsselposition für den Erhalt von Flora und Fauna europa- und weltweit die erforderliche Geltung zu verschaffen. Das Nutzen dieser Möglichkeit sollte deshalb frühzeitig und intensiv, also unverzüglich, vorbereitet und vor allem realisiert werden. Der Vortrag beleuchtet deshalb sowohl die Folgen des Rückganges des Bienenbesatzes in Deutschland als auch die verbliebenen Chancen, mit denen die Zukunftsfähigkeit der Honigbiene belegt werden kann. Dass der Vortrag sich dabei konsequent an Sprengel hält und dass Honig und Wachs nur Nebensache sind, könnte bei manchem Imker durchaus zu Irritationen führen. Den Bienen kommt, unter Berücksichtigung ihrer ökologischen Bedeutung als Bestäuber von Blütenpflanzen und als Biomasse, ein bedeutend höherer Stellenwert zu, als dies in der Gegenwart unter marktwirtschaftlicher Betrachtung gemeinhin angenommen wird.

Betrachtet man aktuelle Äußerungen zu Fragen des Umweltschutzes, so wird klar, dass die amtierende Regierung erkennen lässt, dass Wahlversprechen, laut einer Pressenotiz, nicht gelten. Weil sie in einer Großen Koalition regieren, wollen sich die Regierungsparteien nicht an ihren Wahlversprechen messen lassen.

Ebenso wie in meinen Publikationen aufgegriffen, zitiert Franz Alt in einem Pressebeitrag (*Neues Deutschland* 01.09.2006) den früheren US-Vizepräsidenten und Nobelpreisträger Al Gore mit der Aussage, dass wir noch zehn Jahre Zeit haben. Danach stehe die Existenz der Menschheit auf dem Spiel. Der Klimawandel lässt keinen mehr kalt. Selbst das US-Pentagon sieht darin „das größte Menschheitsproblem des 21. Jahrhunderts“. Alt hebt in seinem Beitrag unter anderem hervor: Die Sonne schickt uns täglich 15 000 Mal mehr Energie, als alle Menschen heute verbrauchen. Das macht sie kostenlos und umweltfreundlich und noch 4,5 Milliarden Jahre. [sic!] (Alt, 01.09.2006) Das Problem besteht offenkundig darin, dass für diese Sonnenenergie nicht abkassiert werden kann, was dazu führt, dass erst alle natürlichen Ressourcen, über die die Erde verfügt, wie Kohle, Erdöl und Erdgas verbraucht werden sollen, bevor die Energie-Konzerne die Billigvariante „Sonne“ in Erwägung ziehen.

Wöchentlich erscheinen in den Medien neue Warnungen vor der Klimakatastrophe und unzählige Hinweise auf die Folgen falschen Handelns. Marx konnte nicht ahnen, dass die „Muttermale der alten Gesellschaft“ (Neues Deutschland, 09.09.2006), besonders die bis zur sinnlosen Selbstzerstörung reichende Gier nach Geld und Profit, sich einmal als solch schlimme Pestbeulen und Krebsgeschwüre der Gesellschaft erweisen würden. Die Problematik tritt allmählich, mehr gefühlt als erkennend, auch ins bürgerliche Bewusstsein, zum Beispiel wenn im *Stern* in einer Serie über die „Geschichte des Kapitalismus“ festgestellt wird, der Kapitalismus drohe seinen Sinn zu verlieren, denn Geld sei „nur noch dazu da, mehr Geld zu schaffen“, ohne Umweg über Fabriken, Waren, Arbeitsplätze.

In einem weiteren Beitrag (*Neues Deutschland*, 31.07.2006) wird Friedrich-Wilhelm Gerstengarbe vom Potsdam-Institut für Klimafolgenforschung zitiert: „Wenn wir nicht in den nächsten 10 bis 20 Jahren weltweit den Ausstoß von Treibhausgasen drastisch reduzieren, dann werden die nachfolgenden Generationen nicht mehr unter vernünftigen Bedingungen leben können.“

So weit einige Pressebeiträge aus jüngerer Vergangenheit, die zur Einstimmung auf das Folgende dienen, wie auch der Hinweis, dass genmanipulierte Pflanzen zur Verschärfung der Auseinandersetzung beitragen. Erwähnung soll eine Ausstellung finden, bei der in Taiwan für die Weltsolar-Rallye 2006 zehn Mannschaften zu einem 7-Tage-Rennen an den Start gingen. Na bitte, möchte man sagen: Es geht doch.

Mit dem heutigen Vortrag, der bereits in Schleswig-Holstein, Brandenburg, Bayern, Berlin (auch an der Freien Universität Berlin), Sachsen, Hessen und Thüringen gehalten wurde, möchte ich der Honigbiene, bevor diese abgeschafft wird, zu höherem Ansehen verhelfen. Sozusagen für die umfassende Nutzung der Honigbiene auf allen Flächen in freier Natur werben.

Nachfolgende Bilder: Hieroglyphen auf der Sitzfigur von Amenemhet II.

Ökologische Aspekte der Bedeutung der Honigbiene für Landschaft, Umwelt und Gesellschaft werden deshalb in den Mittelpunkt der Aufmerksamkeit gerückt. (Sitzfigur des Königs Amenemhet II. Der Name Amenemhet II. wurde in späterer Zeit durch die Namen der Könige Ramses II. (1279–1213 v. u. Z.) und Merenptha (1213–1203 v. u. Z.) ersetzt. Granodiorit, Tanis, Datierung: 12. Dynastie, 1914–1876 v. u. Z. Ägyptisches Museum und Papyrussammlung. Biene und Schilfrohr als Hieroglyphe für den Herrscher von Ober- und Unterägypten – Einzelheiten von der Sitzfigur. (Auch auf dem Krönungsmantel von Kaiser Napoleon befanden sich Bienen als Applikation.)

Derartige Würdigungen der Biene sind auch aus anderen Bereichen bekannt. Zum Beispiel gibt es im Goldkabinett im Alten Museum auf der Museumsinsel in Berlin die Darstellung von geflügelten Bienengöttinnen als Kettenanhänger. Im deutschsprachigen Raum war es Kaiser Karl der Große, der in seiner „Capitulare de villis" um das Jahr 800 den Honigbienen einen hohen Rang einräumte. Auch die Literatur erwähnt Bienen, wie beispielsweise Tolstoi in seinem Werk *Krieg und Frieden*.

Dass diese Beispiele bereits am Anfang des Vortrages genannt werden, hat seine Ursache vor allem darin, dass es in der Gegenwart Kräfte gibt, die lieber heute als morgen die Bienenhaltung abschaffen wollen. Besonders verwerflich erscheint es deshalb auch, dass solchen Biologen mit der *Allgemeinen Deutschen Imkerzeitung* (ADIZ) ein Sprachrohr zur Verfügung steht, das meine Intentionen verschweigt. Ich zitiere deshalb aus der ADIZ 6/2004: Deutschland als Nicht-Agrarland könne sich [...] einen Verzicht auf Bienen wirtschaftlich problemlos leisten.

Der erzielbare ökologische Gewinn, der sich aus der Bienenhaltung ergibt, und zwar aus dem Bestäuben von Blüten in landwirtschaftlichen Kulturen und Naturtrachten sowie aus der Biomasse, die durch die Bienen als Nahrung für Insekten fressende Lebewesen anfällt, soll gezielt beseitigt und der Weg für ausschließlich genetisch verändertes Saatgut freigemacht werden, dessen Nutzung weltweit durch mächtige Agrarkonzerne erzwungen wird.

Internationale Vereinbarungen über die Erhaltung biologischer Vielfalt, die auch mit der Unterschrift der Bundesrepublik Deutschland versehen sind, sollen über diesen Weg wirksam und endgültig ausgehebelt werden. Ausgestorbene Pflanzen- und Tierarten – wen juckt das schon? Weshalb sollte Geld für eine derart brotlose Kunst wie die Bienenhaltung ausgegeben werden, wenn es möglich erscheint, genmanipulierte und künstlich hergestellte Lebensmittel für die Ernährung von Menschen und ihrem Viehzeug in großen Dimensionen bereitzustellen und zu vermarkten? Der Kunde isst das Lebensmittel, das er vorgesetzt bekommt. Der hohe gesundheitliche Wert der Bienenprodukte soll durch Pillen der Pharmaindustrie ersetzt und in Apotheken sollen auch Heilkräuter gehandelt werden.

Bevor ich etwas über weitere ökologische Aspekte sage, erlaube ich mir, das politische Ziel der regierenden CDU zu den Bundestagswahlen 2005 zu zitieren, damit erkennbar bleibt, was möglicherweise zu ihrem Wahlsieg beigetragen hat. Es lautete: Wir stehen für ein umweltfreundliches Gesamtkonzept. Für ein Miteinander von Mensch und Natur! Zu einer lebenswerten Umwelt gehört auch eine bäuerliche Landwirtschaft. Wir setzen auf nachhaltigen Naturschutz und stehen für einen effizienten Klimaschutz. Wir ergreifen Initiativen für bessere Luftqualität und weniger Lärm. Wir wollen die Nachrüstung von Rußpartikelfiltern aufkommensneutral befördern. Wir setzen auf partnerschaftlichen Umweltschutz und Eigenverantwortung. Wir bringen Naturschutz und das Interesse der Menschen an Arbeit und sozialer Sicherheit wieder zum Ausgleich. Wir werden die Wettbewerbsfähigkeit der Landwirtschaft stärken und Bürokratie abbauen. Wir wollen eine konsequente Eins-zu-Eins-Umsetzung von EU-Recht ohne nationale Alleingänge.

Wo aber die Stellen herkommen sollen, mit denen sich die Langzeitarbeitslosen ihr Geld zum Leben verdienen sollen, konnte bisher noch niemand überzeugend darlegen – auch der Sachverständigenrat nicht. Helmut Holter jedenfalls hat in einem Interview *Klar sind wir selbstbewusst*, am 16.09.2006 zum Ausdruck gebracht: „Wenn wir wollen, dass Menschen nicht langzeitarbeitslos bleiben, muss öffentlich finanzierte Beschäftigung im gemeinnützigen Bereich organisiert werden." Harald Wolf bestätigte diese Aussage im gleichen Interview und ergänzte, dass dazu alle eingesetzten Mittel zu bündeln seien. Sogar an der Spitze der Bundesagentur für Arbeit gibt es einen Vorstoß für einen sogenannten dritten Arbeitsmarkt. Vorschläge in dieser Richtung wurden durch mich an den Vorsitzenden des Landesverbandes Brandenburgischer Imker überreicht.

Mit den Aussagen der politischen Parteien, die mit den Zielen der anderen Parteien verglichen werden können, sollte es gelingen, die aufgezeigten Bestrebungen zur Abschaffung der Bienenhaltung zurückzuweisen. Machen wir uns aber nichts vor – ob dies ausreicht, um EU-Recht ohne nationale Alleingänge gegen weltweit agierende Agrarkonzerne umzusetzen, ist bisher nicht erkennbar. Dies darf wohl angesichts des angestrebten Verzichts auf Honigbienen bezweifelt werden. Der Stellenwert der Honigbiene ist wohl noch nie während ihrer langen Entwicklungsgeschichte derart weit gesunken, wie dies gerade in der gegenwärtigen Phase zu beklagen ist. Darum ist es mein vorrangiges Ziel, dazu beizutragen, dass der Natur Gerechtigkeit widerfährt und die Honigbiene als Schlüssellebewesen zum Erhalt und zur Wiederherstellung einer intakten Natur beiträgt. So war das schon einmal. Es ist allerdings schon ein halbes Jahrtausend her, wie die Geschichte der Bienenhaltung belegt.

Die Gewinnung von Bienenhonig und -wachs durch Zeidler

Im Nürnberger Reichswald, des Reiches Bienengarten, wurden zur Blütezeit der Zeidlerei vor 500 Jahren 77 Bienenvölker pro Quadratkilometer betreut. Im heutigen Schlusslicht Brandenburg sind es mit 0,9 Völkern nur etwa 1,7 % dieses genannten Besatzes vor einem halben Jahrtausend (Ende des Jahres 2005 ist der Bestand auf einen Wert von unter 0,8 Völkern pro Quadratkilometer gesunken, während es zum Ende der DDR noch acht Völker pro Quadratkilometer waren).

Im Landkreis Göttingen, der mit vier Bienenvölkern pro Quadratkilometer besetzt ist (fünfmal mehr als in Brandenburg), sind 35 % der Landesfläche bienenfrei. Rechnet man diese verhältnismäßig günstige Zahl auf Deutschland hoch, so bedeutet dies, dass eine Fläche von 125 000 Quadratkilometern faktisch ohne Honigbienen ist. Wollte man die bienenfreie Fläche wie in Göttingen mit einem Minimalbesatz von 4 Völkern/km^2 versehen, wären in Deutschland 500 000 Bienenvölker erforderlich, die durch die gegenwärtig vorhandenen Imker innerhalb eines Jahres oder einer Saison bereitgestellt werden könnten (Stemmler). Mit einer derartigen Minimalforderung (die Wahrheit ist weit schlimmer, denn Brandenburg hat nur 10 % des Besatzes von Göttingen) könnte zum Erhalt aussterbender und vom Aussterben bedrohter Blütenpflanzen wirksam beigetragen werden. Baumann/Müller und andere Naturschutzautoren sprechen von über 1 050 vom Aussterben bedrohten Pflanzenarten. Bei diesen Pflanzenarten handelt es sich vor allem um ein- und zweijährige niedere Pflanzenarten, die bei fehlender Befruchtung in wenigen Jahren aus ihrem natürlichen Lebensumfeld unwiderruflich verschwinden können. (Baumann und Müller, 2001)

Ein weiterführender Aspekt zum Charakterisieren der aktuellen Situation besteht in Folgendem: Im Jahr 2003 beispielsweise wurden 96 000 t Honig nach Deutschland importiert. Die dadurch entstehenden Probleme bestehen einerseits darin, dass einheimische Imker auf ihrem Honig sitzen bleiben, denn 80 % des in Deutschland verzehrten Honigs sind Billigprodukte aus dem Ausland. Andererseits gibt es daraus resultierend zwei Hauptsorgen der Imker:

Erstens sind Importe hin und wieder mit Antibiotika belastet, wie dies bei Importen aus China bezüglich Chloramphenicol reklamiert wurde. Das schadet möglicherweise der Gesundheit des Menschen.

Zweitens ist Importhonig hin und wieder mit Faulbrutsporen belastet, was für die Gesundheit der Bienen gefährlich werden kann.

Gehen wir also einen weiteren Schritt, ohne das bisher Gesagte aus den Augen zu verlieren, und rechnen ein wenig weiter. 2003 wurden in Deutschland durchschnittlich 28,8 kg Honig je Volk geerntet. Sollten beispielsweise per Gesetz Honigimporte unterbunden und der Bedarf durch eigene Produktion substituiert werden, wäre eine bienenfreundliche Umgestaltung der gesamten Landesfläche erforderlich. Auf jedem Quadratkilometer müssten grundsätzlich Bienen gehalten werden. Um 96 000 t Honig zusätzlich in Deutschland zu produzieren, müssten bei einem gleichen Honigertrag wie im Jahr 2003 über 4 Millionen Bienenvölker betreut werden. Dies entspräche einem Arbeitskräftebedarf von 33 000 Berufsimkern mit jeweils 100 oder von 330 000 Hobbyimkern mit jeweils zehn Bienenvölkern. Da nur 3 % der Imker beruflich Bienen halten, ist zu erwarten, dass sich die erforderliche Anzahl an betreuenden Imkern eher an der Zahl der Hobbyimker orientieren müsste. Dies vor allem hätte günstige Auswirkungen auf die notwendige Produktion von Bienenbeuten, Imkereiausrüstung, zum Beispiel Schleudern, denn jeder Bienenhalter braucht eine solche, Werkzeugen, Geräten, Emballagen zur Honiglagerung, Honiggläsern für die Honigvermarktung und so weiter. Es ergäben sich umfangreiche Aufgaben für Handwerk und Gewerbe. Geht man von den Zahlen des Deutschen Imkerbundes aus, so sind zum Beginn des Aufbaus einer Imkerei mindestens 3 500 Euro pro Imker erforderlich (D.I.B., Faszinierte Bienenwelt). Dies erfordert die Produktion von Imkereiausrüstung im Umfang von 1 155 000 000 Euro. Zur Refinanzierung mit Fördermitteln sind demgemäß 1 050 Euro pro Neuimker zu kalkulieren. Auch Ausbildungs- und Fortbildungsbedarf besteht.

Die gegenwärtige Förderpraxis, dass ein Neuimker oder ein bereits praktizierender für den Aufbau eines Bienenstandes oder für eine Standerweiterung im Rahmen der 30-%-Förderung bei einer Investition von 10 000 Euro bis zu 3 000 Euro erhalten kann – auch über mehrere Jahre gestaffelt –, berücksichtigt die aktuelle Situation der Massenarbeitslosigkeit völlig ungenügend. Welcher Hobbyimker soll denn heute 10 000 Euro investieren, um dann eventuell 3 000 Euro Förderung zu erhalten? Ich bin zweifelsfrei dafür, dass jegliche eingeführte Förderung erhalten bleiben sollte, bin jedoch der Auffassung, bedeutend weiter zu gehen. Da die Bienenhaltung mit den aufgezeigten Sachverhalten im Rahmen des Umweltschutzes ein weiter zunehmendes Gewicht erlangt, sollte durch politische Entscheidung dafür Sorge getragen werden, dass sie auch entsprechend gesellschaftlich anerkannt wird.

Wenn der ehemalige Präsident der Ukraine Juschtschenko (dort einziger Großimker mit 200 Bienenvölkern) oder der Präsident des Bundesamtes für Naturschutz, Prof. Vogtmann, Bienen halten können, dann sollte es doch kein Problem bereiten, von allen Spitzenverdienern zu erwarten, dass auch sie einen Teil ihrer zur Verfügung stehenden Zeit der Bienenhaltung widmen. Beginnend bei den Konzernchefs, Politikern, Beamten und Vertretern der Sport- und Unterhaltungsindustrie. Selbstverständlich gehört die Einbeziehung der Jugend, der Schule und anderer gesellschaftlichen Kräfte dazu. Als besonders dringend sehe ich die Einbeziehung der Chefs der großen Handelsketten an, die für den Umgang mit der Natur inklusive der Honigbienen sensibilisiert werden sollten. Zu erkennen ist, dass Blütenbestäubung und die Bereitstellung des Eiweißpotenzials der Honigbienen als Nahrung für Insekten fressende Lebewesen auf jedem Quadratkilometer Landesfläche ein unabdingbares Erfordernis darstellt. Darüber hinaus wäre abzuwägen, durch politischen Druck über einen oder mehrere Honigabfüllbetriebe alle Handelsketten und Genossenschaften einzubeziehen. Nun soll ein weiterer Vorschlag eingefügt werden, der gegenüber dafür Zuständigen längst gemacht wurde. Die beharrliche Wiederholung, auch durch jeden Einzelnen von Ihnen, an den richtigen Stellen der Politik und ohne Scheu in allen Medien sollte meines Erachtens die gewünschte Wirkung zeigen. Die Bereitstellung von Fördermitteln für Neuimker soll nun den Ausgangspunkt folgender Überlegungen bilden. Aufgrund der hohen Bedeutung der Bienen für den Erhalt der Umwelt sollte jegliche Bienenhaltung finanziert werden.

Eine derartige Vergütung der Bienenhaltung in vernünftiger Höhe hat absolut nichts mit ihrer Subventionierung zu tun. Fakt ist: Der Imker erhält zum gegenwärtigen Zeitpunkt sowohl für die Blütenbestäubung landwirtschaftlicher Kulturen als auch für die Bestäubung wild lebender Blütenpflanzen, die auf diese Bestäubung durch Honigbienen angewiesen sind und deren Erhalt gemäß internationaler Beschlüsse zu gewährleisten ist, keinerlei Vergütung. Zugleich erfolgt keine Vergütung für die Bereitstellung der Biomasse der Honigbiene (jährlich im Mittel 15,6 kg sterbende Bienen pro Volk) als Nahrung für Insekten fressende Lebewesen. Die Missachtung dieser Leistung der Honigbienen durch fehlende politische Entscheidungen ist eine weitere Ursache für den unübersehbaren Rückgang der Bienenhaltung in Deutschland und zugleich als ursächlich für das Aussterben von Pflanzen- und Tierarten anzusehen. Die für diese Vergütung von Imkern erforderlichen finanziellen Mittel sollten aus dem Steueraufkommen und bis zum Inkrafttreten dieser Entscheidung auch aus zu erhebenden Einfuhrzöllen bereitgestellt werden.

Zur Höhe der Zahlungen an Imker für ihre Bienenhaltung erwähne ich den berühmten Brandenburger Christian Conrad Sprengel (1750–1816). Er, der „preußische Darwin", wurde in Brandenburg an der Havel geboren. 43 Jahre nach seinem Tode formulierte Darwin – in aller Bescheidenheit –, dass seine Verdienste voll anerkannt seien. Er gilt als Begründer der Blütenökologie. Der Gewinn an Honig und Wachs sei nicht der Hauptzweck der Bienenzucht, sondern nur eine Nebensache. Die Hauptsache sei die Befruchtung der Blumen und die Beförderung reicher Ernten. Von ihm stammt der griffige Satz: Ein jeder Staat braucht ein stehend Heer von Bienen.

Nach heute anerkannten Berechnungen erwirtschaftet jedes Bienenvolk jährlich einen ökologischen Nutzen von 800 Euro durch die Bestäubung landwirtschaftlicher Kulturen. Rechnet man zurückhaltend für die Bestäubung von wild lebenden Blütenpflanzen, die auf diese Bestäubung ebenso angewiesen und gemäß internationaler Vereinbarungen über die biologische Vielfalt zu erhalten sind, mindestens 400 Euro hinzu, so ergibt sich nach Sprengel ein ökologischer Bestäubungsnutzen von jährlich 1 200 Euro pro Bienenvolk.

Leider wurde Sprengel in der Zwischenzeit so oberflächlich in der Wahrnehmung erhalten, dass nur noch die Bestäubung landwirtschaftlicher Kulturen berücksichtigt wird. Wäre seine Formulierung von der Befruchtung der Blumen und der Beförderung reicher Ernten exakt erhalten worden, gäbe es nicht so einen dramatischen Rückgang von wild lebenden Blütenpflanzen, die auf diese Befruchtung angewiesen sind, und auch keinen so dramatischen Rückgang anderer an der Blütenbestäubung beteiligter Insekten, die letztlich von diesen Blütenpflanzen leben. Außerdem hat er in der Rangordnung die Blumen als Erstes und erst dann die reichlichen Ernten genannt. Dies zeugt von außergewöhnlicher ökologischer Weitsicht. Er war offenbar nicht nur seiner Zeit (Darwin), sondern auch der heutigen weit voraus.

Abweichend vom Thema und trotzdem dabei bleibend, gestatte ich mir eine kleine Episode einzufügen. Am 17.12.2005 nahm ich gemäß einer Einladung zum Tag des Ehrenamtes durch den Präsidenten des Brandenburger Landtages, Gunter Fritsch, und den Ministerpräsidenten, Matthias Platzeck, an einer Veranstaltung in Potsdam teil. Es ergab sich eine Gelegenheit, den Ministerpräsidenten persönlich zu sprechen und mich vorzustellen als der neue Christian Conrad Sprengel in Brandenburg, der einen weiteren ökologischen Aspekt der Honigbiene erkannt hatte und darüber publizierte. Ich hatte wohl richtig gedacht, als ich vermutete, dass er anlässlich des 250. Geburtstages von Sprengel gesprochen hatte. Er war sofort aufmerksam und hörte sich meine Intentionen an. Meiner Bitte um ein Foto mit ihm kam er sofort nach, wofür er meine Naturschutztrilogie in Empfang nehmen konnte.

Zu dem genannten progressiven oder primären Nutzen als aktives Glied (Bestäuber) ist noch der sekundäre Nutzen der Honigbiene als passives Glied in der Nahrungskette zu addieren, nämlich ihr Wert als Biomasse im Umfang von jährlich durchschnittlich 1 070 Euro. Mit diesen beiden Komponenten realisiert jedes Bienenvolk jährlich einen ökologischen Nutzen von durchschnittlich 2 270 Euro.

So weit zu den Zwischenbemerkungen. Nun komme ich zum Thema der Vergütung des Imkers zurück, der bis zum gegenwärtigen Zeitpunkt für die ökologischen Leistungen seiner Bienen keinerlei Würdigung erfährt. Eine Vergütung der Bienenhaltung in einem vernünftigen Umfang würde die Motivation, Bienen zu betreuen, völlig anders begünstigen als die gegenwärtige Förderpraxis. Eine derartige Vergütung, zum Beispiel in Höhe von 10 % ihres ökologischen Nutzens, hat absolut nichts mit Subventionierung der Bienenhaltung zu tun. Die ökologischen Leistungen der Honigbienen werden seit Langem erbracht. Sie könnten kurzfristig ein Weg aus der Misere des Artenrückganges und zugleich fehlender Arbeitsplätze sein. Es wäre ein Beitrag dazu, ältere Arbeitslose in den Betrieben im ländlichen Raum (Landwirtschaft, Forst, Umwelt- und Naturschutz) einzustellen und zugleich eine aktuell politisch beabsichtigte Maßnahme umzusetzen, nämlich die niedrigen Einkommen auf dem Land zu erhöhen und damit das Wohlstandsgefälle zwischen Stadt und Land zu überwinden.

Wenn ein Hobbyimker für die Betreuung von zehn Bienenvölkern zum Saisonbeginn im Mai 200 Euro pro Bienenvolk erhält, kann dies ein gewichtiges Motiv zur Bienenhaltung und zur Erweiterung des Bienenstandes sein. Ein Imkerkollege meines Vereins bewertete dieses Ansinnen mit der Meinung: „Da brauchte man ja gar nicht mehr zu schleudern", und traf damit den berühmten Nagel auf den Kopf. Interessierte könnten sich leichter zum Beginn der Bienenhaltung entschließen. Dann können auch vom Geldgeber Bedingungen für die Zahlungen gestellt werden, zum Beispiel: Im August/September selbst eingewinterte Bienenvölker, keine Bienenimporte, Mitgliedschaft in einem gemeinnützigen Imkerverein, der einer Verbandsgliederung des Deutschen Imkerbundes angehört, Nutzung des D.I.B.-Honigglases zur Vermarktung von Honig in Deutschland, Teilnahme an Qualifizierungsmaßnahmen wie Besuch von Schulungen als Bienensachverständiger, Teilnahme an einem Honiglehrgang, um das Etikett für das Einheitsglas erwerben zu können und anderes. Auch vernünftige Aufkaufpreise für Abfüllstellen sind berücksichtigungsfähig. Zu ergänzen sind diese Vorschläge mit der Forderung nach einem angemessenen Schadenersatz für abgestorbene Bienenvölker. Es ist auch aktuell nicht vermittelbar, dass angesichts eines Bienenmonitorings über einen Zeitraum von mehreren Jahren die betroffenen Imker auf ihren Verlusten sitzen gelassen werden. Hier sollten meines Erachtens Regelungen geschaffen werden, um Imkern mit Auswinterungsverlusten an Bienenvölkern rasch und unbürokratisch finanziell zu helfen, ähnlich den EU-Agrarhilfen für Geflügelhalter, die im Ergebnis der Vogelgrippe angedacht wurden (das Deutsche Bienen-Journal 4/2008 informierte auf Seite 17 in Form einer ersten Beurteilung über die Ergebnisse des Monitorings).

Die entsprechende Information der *Märkischen Allgemeinen Zeitung* (MAZ) vom 26.04.2006 besagt: Die EU wird die von der Vogelgrippe stark in Mitleidenschaft gezogene Geflügelbranche finanziell unterstützen. Die nationalen Hilfen zum Ausgleich von Absatzrückgang und Preisverfall bei Geflügel und Eiern werden dabei zu 50 % aus dem EU-Haushalt finanziert ... Die Beschlüsse erlauben betroffenen Mitgliedstaaten, bei der EU-Kommission Anträge auf den 50-prozentigen Zuschuss zu stellen. In südlichen Ländern ist der Absatz von Geflügel wegen der Ängste der Verbraucher zeitweise bis zu 80 % eingebrochen.

Bis Mitte März hatte die deutsche Geflügelwirtschaft Einbußen von 150 Millionen Euro verzeichnet. Vergleicht man diese Pressenotiz mit der Situation auf dem Gebiet der Imkerei, dem Bienensterben und dem Honigabsatz, kommt man schon ins Grübeln, denn die Absatzprobleme der Imker für ihren Honig sind zumindest zum Teil von den weltweit agierenden Handelsketten im eigenen Lande verursacht und zu verantworten. Es ist an der Zeit, auch für Imker entsprechende Ausgleichszahlungen in Erwägung zu ziehen.

Die gegenwärtigen Diskussionen um die Beteiligung der Imker an Einmalzahlungen für die Landwirtschaftliche Berufsgenossenschaft (LBG) machen ein weiteres Dilemma sichtbar. Es wird immer unverständlicher, warum Imker ihre Imkerei sowohl in der Berufsgenossenschaft als auch beim Globalversicherer – Gaede & Glauer – gegen dieselben Gefährdungen versichern sollen. Dr. Strauch vom Landesverband Brandenburgischer Imker sagte dazu unter anderem, die Völkerdichte in Brandenburg betrage gegenwärtig nur noch 0,8 Völker pro Hektar (Deutsches Bienen-Journal 3/2006, S. 11). Diese Darstellung ist um den Faktor 100 zu hoch, denn es handelt sich um 0,8 Bienenvölker pro Quadratkilometer. „Dies sei nur noch ein Zehntel der Völkerzahl, die es in der DDR gegeben habe. Wir kommen aus einem Unrechtsstaat – und jetzt werden wir mit Repressalien überschüttet. Wenn eine Grenze von 7 Völkern (pro Imker d. A.) eingeführt wird, sinken die Völkerzahlen mit Sicherheit noch weiter.“ Diskutiert wurden Begriffe wie Kleinstunternehmer, mitversicherte Hilfskräfte, Gebührenhöhe oder auch die Standgröße, ab der Zahlungen zu erfolgen haben.

Über Sprengel und seine Definition, dass Honig und Wachs Nebensache seien, wurde gar nicht erst gesprochen. Es ist eine verhängnisvolle Entwicklung. Fakt bleibt jedoch, dass die Beseitigung von Bienenvölkern wegen Amerikanischer Faulbrut (AFB) durch den zuständigen Veterinär angewiesen werden muss und der dadurch entstandene Verlust, wie bei der Schweinepest, aus der Tierseuchenkasse reguliert wird. Zu erinnern ist auch daran, dass der Imker bisher generell für seine jährlichen Völkerverluste selbst einstehen musste. Und obwohl dies den Imkern bekannt ist, bleibt es doch so, dass der Imker für die Entnahme von Honig aus dem Bienenvolk äquivalent als Nahrungsersatz für den Winter das erforderliche Futter kaufen und den Bienen reichen muss. Das kostet Zeit, die der Imker nicht einmal mit einem Euro pro Stunde berechnen kann. Keinerlei Berücksichtigung findet auch der Aspekt, dass die Honigbiene zwar als Haustier eingestuft ist, jedoch unbeeinflussbar in ihrem Lebensumfeld wirkt. Dieses Lebensumfeld ist aber heute bienenfeindlich ausgestaltet, ohne reiche Blütenflora über die gesamte Sommersaison. Sicherlich lassen sich manche Probleme in dieser simplen Form darstellen, aber bevor Forderungen an Imker herangetragen werden, sollte grundsätzlich erst einmal geregelt werden, dass eine vernünftige Vergütung der ökologisch bedeutsamen Bienenhaltung erfolgt. Die Unterstellung, die Imker machten sich eine goldene Nase, wird aus den von mir genannten Gründen zurückgewiesen. Honig ist nach Sprengel und Voigt keine äquivalente Entlohnung für den ökologischen Nutzen der Bienen. Erst wenn der Imker für den gesamten ökologischen Nutzen, den seine Bienen erbringen, pro Voll-Volk 2 270 Euro im Jahr erhält, kann mit der Berufsgenossenschaft und der Tierseuchenkasse diskutiert werden. Wozu wird noch ein weiterer „Kassierer" gebraucht, der für bereits abgesicherte Unwägbarkeiten noch einmal, ohne Gegenleistungen, kassieren will? Die erste Frage bei einem versicherten Schaden lautet doch dann: „Wo sind Sie noch versichert?" Das erleichtert gar nichts und ist in den Augen der Imker schlicht Abzocke.

Diesbezüglich ist dringend zu empfehlen, die Angaben zu den vorhandenen Bienenvölkerzahlen zu fundieren. Wenn Geflügelhalter sagen: „Die Küken werden im Herbst gezählt", so ist doch auch zu beachten, dass die Bienen nach der Auswinterung gezählt werden. Im Frühjahr 2006 waren die Auswinterungs-Verluste erheblich höher, als dies in den vorangegangenen Jahren der Fall war. Der Imkerverein Königs Wusterhausen hat im Winter 2006 126 Bienenvölker verloren. Dies entsprach 56 % des Gesamtbestandes. 2008 lag diese Zahl im Verein im Monat März bei 31 %. Auf ganz Deutschland projiziert, ergäbe sich demnach eine Bienendichte von 0,4 Völkern pro Quadratkilometer. Dies entspricht ca. 0,5 % der Bienendichte des Nürnberger Reichswaldes vor 500 Jahren. Es sei deshalb die Frage gestattet, ab welcher Bienenvölkerdichte die Politik zu reagieren bereit ist?

Aus den oben genannten Zahlen wird erkennbar, dass für eine bedeutend erweiterte Bienenhaltung im genannten Umfang ca. 8 Milliarden Euro pro Jahr in Deutschland zur Verfügung gestellt werden müssten. Es gibt keinen Grund, vor einer derart hohen Zahl zurückzuschrecken, wie es ein Rezensent meines dritten Buches und auch der Vorstand des Deutschen Imkerbundes tun. Die kalkulierten Kosten für die Bekämpfung der Vogelgrippe H5N1 in den USA wurden mit 800 Milliarden US-Dollar angegeben. Daraus wird erkennbar, dass es immer noch realistische Möglichkeiten zum Gegensteuern gibt. Außerdem ist die Politik zu fragen, wieso die Profite der Konzerne zu sichern sind, wenn zur gleichen Zeit die natürliche Umwelt schwer geschädigt, um nicht zu sagen beseitigt wird, und wieso nicht umgekehrt dem Erhalt der Umwelt höchste Priorität eingeräumt wird. (Den Konzernen die Macht – statt Politikern? Wozu werden Politiker gebraucht, wenn die Konzern-Lobby entscheidet?)

Dr. Gudrun Kretschmer vom Brandenburger Landwirtschaftsministerium, die im Auftrag des Agrarministers an den jährlichen Tagungen des Landesverbandes Brandenburgischer Imker teilnimmt, hat anlässlich der Vertretertagung dieses Landesverbandes im Jahr 2005 gefordert: Die Imker mögen ihre Forderungen an die Politik endlich formulieren. Nach dem Einsatz meines Familienvermögens von nunmehr ca. 72 000 Euro kann ich berechtigterweise sagen: Seit Jahren habe ich diese Forderungen formuliert. Wie aber ist die Bereitschaft von Politikern einzuschätzen, derartigen Zielstellungen zu folgen? Der Wirtschaftsexperte Hengsbach hat im Laufe seiner Tätigkeit die Erfahrung gemacht, dass Positionen, die von Einzelnen oder einer Minderheit vertreten werden, doch hin und wieder Akzeptanz finden. Auch Unternehmer oder Politiker passen sich diesen Vorschlägen an. Wenn in der öffentlichen Diskussion ein Lernprozess stattfindet, kann dies als eine solche Bestätigung angesehen werden. Auch eine Veranstaltung wie die heutige kann Auslöser dafür werden, dass sich Politiker in die Thematik einklinken, wenn die Probleme erkennbarer werden. Und gestatten Sie mir bitte hervorzuheben, dass nach vielen Vorträgen in verschiedenen Bundesländern, bei denen auch Politiker zugegen waren, eine neue Qualität erreicht wurde. In Bayern waren zum hundertsten Jubiläum des Imkervereins Greding neben einem Regierungsvertreter acht Gemeindevorstände zugegen, als ich dort den Festvortrag hielt. Dies belegt, dass die ökologischen Aspekte der Bienenhaltung bei der Politik angekommen sind. Ihre Verantwortung steigt und die Parteien kommen nicht mehr um die Klärung von Zukunftsfragen der Menschheit herum – auch wenn kurzfristig Ergebnisse erzielt werden müssen. Erkennbar ist auch, dass die Medien spürbar häufiger als noch in den zurückliegenden Jahren die Bienenhaltung und damit die Erhaltung von Natur und Umwelt aufgreifen.

Bezüglich der bereits erwähnten Honigimporteure soll die Konsequenz beim Namen genannt werden. Wenn ein Neuimker einen persönlichen Familienkreis von zehn Personen unentgeltlich mit Honig versorgt, entfallen 4 180 000 Personen als Honigkunden. Das entspricht etwa 5 % der Bevölkerung Deutschlands. Dies ist eine zu berücksichtigende, aber doch nicht dramatische Zahl. Dagegen bleiben Honigimporte immer mit dem Makel behaftet, dass Blütenbestäubung, aber auch Biomasse für Insekten fressende Lebewesen nicht delegiert werden kann. Auch nicht an Hummeln. Darüber hinaus müssen alle Importe auf Antibiotika – und sollten zugleich auch auf Faulbrutspuren – untersucht werden, um Gefährdungen für Menschen und Honigbienen gleichermaßen auszuschließen. Ein Betrieb, der mit Faulbrutsporen belasteten Honig verarbeitet, sollte dies wissen und entsprechende Vorsorge treffen können, damit Gefährdungen für die Bienenbrut der in der Nähe befindlichen Bienenvölker ausgeschlossen werden. Es darf doch sicher erwartet werden, dass auch Bäcker oder andere Honigverarbeiter ökologisch denken und handeln.

Welche Sofortmaßnahmen sind auf dem gesamten Territorium des Landes ohne Verzug zu realisieren? Diese Hinweise wurden übrigens bereits Anfang des Jahres 2000 formuliert und blieben bis heute nur teilweise beachtet. In allen Gebieten in Wald und Flur, in denen gegenwärtig Blütenpflanzen und Insekten fressende Lebewesen in ihrem Bestand zurückgehen oder vom Aussterben bedroht sind (zum Beispiel Orchideen), sind sofort (!) mindestens vier Bienenvölker auf jedem Quadratkilometer einzusetzen und zu betreuen. Durch gesetzliche Vorgaben ist zu sichern, dass für je zehn Hektar Landbesitz in allen Eigentumsformen, also auch im Staatsforst und den Schutzgebieten, mindestens ein Bienenvolk vorhanden ist.

Eine kurze Bemerkung zum Klimawandel: Der Klimawandel hat in jüngerer Zeit dazu geführt, dass sich der Beginn der Saison, in der Bienen Nektar sammeln können, um zwanzig Tage in Richtung Jahresanfang verschoben hat. Dies ist wissenschaftlich fundiert. Die Folge ist, dass sich das Ende der Blühsaison ebenfalls in etwa diesem Umfang verfrüht hat. Diese Aussage ist noch nicht hinreichend wissenschaftlich abgesichert. Es ist allerdings zu beobachten, dass sich auch das ursprüngliche Ende der Bienenflugzeit in Richtung Jahresende verlängert hat. Früher wurde der Abschluss der Wintereinfütterung der Bienenvölker auf den 20. September festgelegt, damit das Winterfutter bis zum 1. Oktober, wenn die ersten Fröste auftreten, noch zu einem honigähnlichen Futter invertiert werden konnte. Jetzt erleben wir zunehmend, dass sich der Oktober, wie 2005, spätsommerlich darstellt und die Gefahr besteht, dass die Bienenvölker von den Wintervorräten zehren und nachgefüttert werden muss. Der Winter 2015/2016 hat im Wesentlichen nicht stattgefunden, sodass manche Bienenvölker durchgebrütet haben. Daraus ist zunächst erst einmal abzuleiten, dass jene blühenden Pflanzen, von denen die Bienen Nektar und Pollen sammeln, drei Wochen früher als im langjährigen Mittel abblühen und dadurch am Saisonende insgesamt sechs Wochen nutzbare Blühzeit fehlen. Diese Beobachtungen sind bereits wiederholt gemacht worden.

Nachfolgende Bilder: Duftraute Euodia, Blühzeit Mitte Juli bis Mitte September, Blühdauer 2 Wochen. Nektar 4, Pollen 3.

Im *Lexikon der Bienenkunde* (Leipzig 1987) sind unter dem Begriff der *Saisonvariabilität* Hinweise zur unterschiedlichen Lebensdauer von Sommer- und Winterbienen zu finden. Für die Entstehung langlebiger Winterbienen spielen demnach wahrscheinlich Witterungs- und Trachtfaktoren, der zurückgehende Brutumfang sowie die abnehmende Tageslänge im Spätsommer eine Rolle. Ab August schlüpfen neben langlebigen Bienen, die noch im darauffolgenden Frühjahr im Volk zu finden sind, immer auch kurzlebige Arbeiterinnen, die schon während des Herbstes wieder aus den Völkern verschwinden. Da Trachtfaktoren für das Entstehen von Winterbienen eine Rolle spielen, halte ich es durchaus für angebracht zu untersuchen, inwieweit sechs Wochen fehlende Blühzeit nach der Bienensaison das Entstehen von Winterbienen negativ beeinflussen. Zugleich wären Vorschläge zu unterbreiten und umzusetzen, mit denen die Lebensbedingungen der Bienen in diesem Zeitraum gesichert werden können. Schneebeere und Faulbaum blühen zwar vom Sommeranfang bis zum Frostbeginn, aber sind eigentlich nur als „Läppertracht" anzusehen, sollten jedoch weiterhin durch Anpflanzen unterstützt werden. Möglicherweise muss auf Neophyten wie die Duftraute zurückgegriffen werden.

Alle hier vorgetragenen Erkenntnisse, Hinweise, Vorschläge und noch vieles mehr sind in meinen Publikationen enthalten. Diese zum Allgemeingut der Bürger zu machen und umfassend durchzusetzen, ist meine Bitte vor allem an die politisch Verantwortlichen, aber auch an die Vertreter der Medien. Prüfen Sie zum Beispiel, in wie vielen Ortschaften und auch in welchen die Bienenhaltung bereits nicht mehr existiert. Stellen Sie die Frage, ob Ihr Bürgermeister weiß, wie viele Bienenvölker in seinem Verantwortungsbereich leben. Tragen Sie dazu bei, dass alle Bürger, insbesondere Schüler und junge Menschen, Kenntnis über eine Entdeckung von Ende 1999 erhalten. Helfen Sie auch weiterhin mit, diese umzusetzen. Hausgärten, Parks und Gartenanlagen sind gegenwärtig jene Gebiete, in denen Bienen gehalten werden. Deshalb bietet es sich an, bei der Planung weiterer Gartenanlagen durch den Verband der Garten- und Siedlerfreunde grundsätzlich den Einsatz von Bienen zu berücksichtigen und vor allem auch außerhalb von Orten den Besatz mit Blüten bestäubenden Insekten zu gewährleisten. Orchideen können, wenn sie aus ihrem ursprünglichen Verbreitungsgebiet verschwunden sind, nicht wieder angesiedelt werden. Ihre Blütenbestäubung durch Bienen ohne weiteren Verzug zu sichern, erhält somit eine hohe landeskulturelle Bedeutung. Das kann das Ehrenamt nicht alleine realisieren.

Sprengel war nach den Worten von Darwin seiner Zeit weit voraus. Bei nüchterner Betrachtung der Realitäten in dieser unserer Welt scheint es, was meine Entdeckung betrifft, zu spät zu sein. Mir bleibt nur die Bitte an alle Entscheidungsträger, alles Menschenmögliche für den Erhalt und die Wiederherstellung einer natürlichen gesunden Umwelt zu tun. Das Schlüssellebewesen zur Gesundung der Natur ist die Honigbiene. Mit Sprengel und Voigt wurden jene beiden Persönlichkeiten hervorgebracht, die relativ selbstständig zwei in sich abgeschlossene ökologische Aspekte über die aktive (Sprengel) und die passive (Voigt) Rolle der Honigbiene erkannten und verbreiteten. Machen Sie sich die Bewertung von Sprengel zu eigen, dass Honig und Wachs nur Nebensache ist. Vor allem die Honigbienen sichern – in ihrem Flugkreis – den Erhalt von Flora und Fauna.

Versuchsanfang: Was machen die Ameisen mit der sterbenden Biene?

Kleine Waldameise – Formica polyctena, Muttersprache – Verständigung

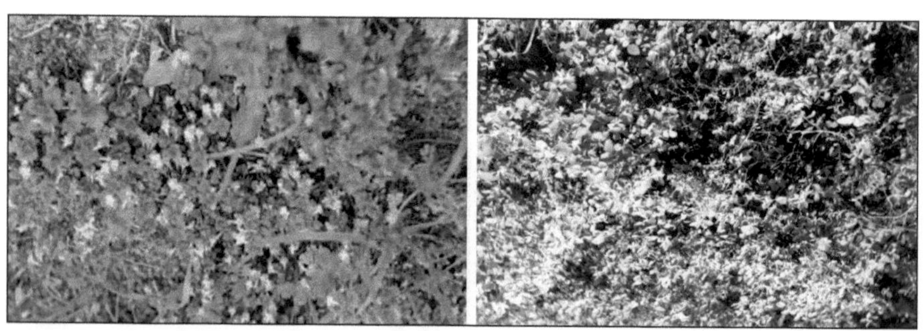

Vergissmeinnicht und Veilchen werden von Ameisen verbreitet, indem sie ein zuckerhaltiges Anhängsel, das Elaiosom, des Samens abbeißen, ohne dass der Samen seine Keimfähigkeit verliert.

Schaubild: Die Waldameise als wichtiges Schlüsselglied im Ökosystem Wald. Aufbau eines Nesthügels im Herbst

Auch im Ökosystem Wald gilt die Erkenntnis, dass das Nahrungsangebot das entscheidende Regulativ für den Erhalt der jeweiligen Art bildet. Bei den Blütenpflanzen ist es die Dichte an bestäubenden Insekten, die über den Bestäubungserfolg – und damit über den Erhalt der Art – entscheidet.

Nachfolgende Bilder: Ameisenhügel, häufig mit Baumstubben als Nestkern

Nachfolgende Bilder: Formikarien – Beispiele für das Betreuen von lebenden Ameisen zu Lehrzwecken

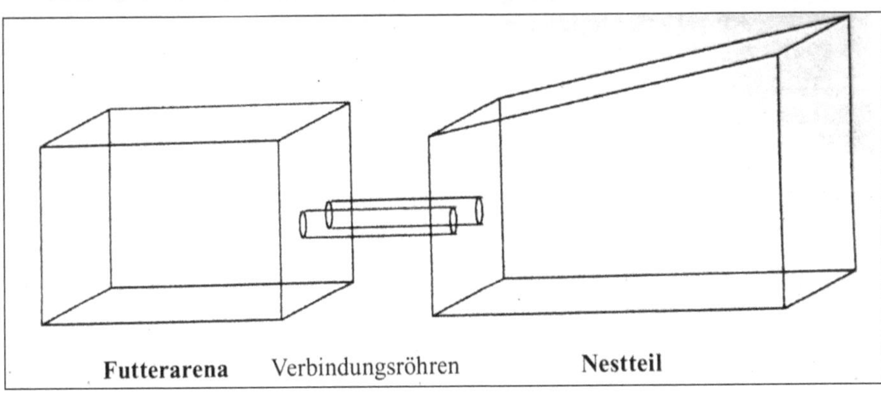
Futterarena
Verbindungsröhren
Nestteil

Weitere Formen von Formikarien

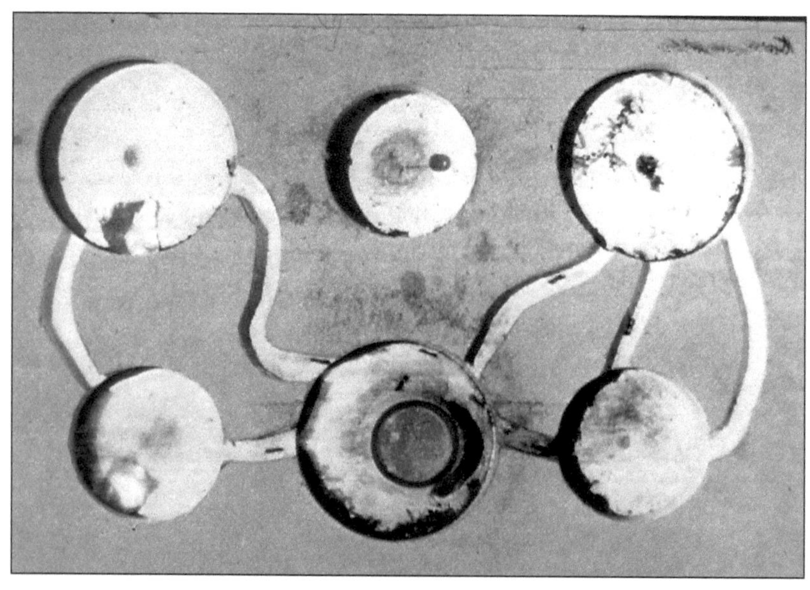

Der aus Eichenrinde gefertigte Schwarmfänger von Heinz Ruppertshofen zieht den Schwarm an.

Bitte lassen Sie mich noch kurz einige Bemerkungen aus meiner Publikation *Die Honigbiene – Schlüssellebewesen zum Erhalt biologischer Vielfalt. Über Einstein, Gentechnik und Mutationen* wiederholen.

Seit meiner Entdeckung der passiven Rolle der Honigbiene in der Natur und der Publikation dieser Erkenntnisse in sechs Büchern habe ich in einem zweiwöchigen Rhythmus bisher über 37 Pressebeiträge verfasst und veröffentlicht. In diesen Aufsätzen werden stets Details aus meinen Büchern aufgegriffen. Durch die Verbreitung von genetisch verändertem Saatgut, insbesondere von Mais der Sorte MON 810, entstanden bei Imkern Interessenkonflikte. Die Schweiz, die Niederlande und Frankreich haben den Anbau derartiger Sorten verboten. In Deutschland gibt es ein zeitweiliges Verbot des Anbaus, nachdem bei Mäusen, die man beim Versuchsanbau gezielt untersuchte, Mutationen festgestellt wurden. Damals sagte ich, es sei nicht auszudenken, was passiere, wenn Menschen wegen der oralen Aufnahme von gentechnisch veränderten Organismen zu Mutationen neigten. In diesem Zusammenhang hatte ich über Fragen der Entstehung von Blutgruppen bei Menschen philosophiert.

Bitte gestatten Sie mir, zum Abschluss zwei Rezensionen zu meinen Büchern zur Kenntnis zu geben. Zunächst eine vom Frieling-Verlag Berlin veröffentlichte:

„Entgegen der landläufigen Meinung, der Mensch sei die Krönung der Schöpfung, weist Wolfgang Voigt der Honigbiene die Rolle als Schlüssellebewesen für den Erhalt von Flora und Fauna zu. Der Mensch hingegen habe vor allem in den letzten Jahren und Jahrzehnten durch seine wirtschaftlichen Aktivitäten der Natur irreversiblen Schaden zugefügt. Maßlose Urbanisierung, zunehmende Umweltverschmutzung, Monokulturen, Genmanipulationen und Ähnliches bringen zahllose Pflanzen- und Tierarten in Gefahr. In seinem vierten Buch im Frieling-Verlag Berlin thematisiert der Autor einmal mehr das Verschwinden der Waldbienen, das die hauptberuflichen und ehrenamtlichen Imker auszugleichen versuchen, was ihnen eine noch größere Verantwortung auferlegt. Fehlende Bienen verursachen den Rückgang blühender Pflanzen und damit die Ausbreitung von Pflanzen, die durch Wind bestäubt werden, was verstärkt Pollenallergien verursacht. Zudem bildet die Biomasse toter Bienen eine wichtige Lebensgrundlage für Waldameisen und andere Lebewesen. Wolfgang Voigt engagiert sich seit langem und mit dem vorliegenden Buch noch einmal explizit für einen ausgewogenen und artenreichen Naturkreislauf, der für das ökologische Gleichgewicht und damit für ein gesundes Lebensumfeld unabdingbar ist."

Professor Burkhard Schricker von der Freien Universität Berlin, der meine naturwissenschaftlichen Ambitionen bereits über eineinhalb Jahrzehnte wissenschaftlich begleitet und diese in mehreren Büchern mit Vor- oder Nachworten entsprechend bewertete, würdigte meine Intuitionen im Nachwort des vierten Buches mit dem Titel *Die Honigbiene – Schlüssellebewesen zum Erhalt biologischer Vielfalt. Über Einstein, Gentechnik und Mutationen*:

„In diesem vierten Band wird wieder eine Leserschaft angesprochen, die sich über ein fachökologisches Interesse hinaus auch mit damit verbundenen gesellschafts- und wirtschaftspolitischen Aspekten auseinandersetzen möchte. Dazu wurden historische wie auch ‚tagesaktuelle' Persönlichkeiten mit ihren Einstellungen zur Thematik zitiert. Dennoch bleiben stets die Honigbiene und deren Naturkreislauf, in dem sie eine zentrale und durch nichts ersetzbare Stellung einnimmt, konsequent im Vordergrund.

Nachdenklich macht den Leser der zitierte und von Albert Einstein verfasste Artikel mit seinen Bemerkungen zum einsichtigen Handeln des Menschen und dem Vergleich des Verhaltens sozialer Insektenstaaten.

Die Beiträge zur Gentechnologie mit Folgen, zu Pollenallergien und Blutgruppen machen das Buch zu einem Puzzle, aber ohne Lücken.

Der Autor stellt aus tiefer persönlicher Einsicht und praktischer Fachkompetenz bisweilen unbequeme und zum Nachdenken zwingende Fragen und erwähnt ebenso ehrlich die ihm daraus entstandenen Beschwernisse. Seine Lösungsvorschläge zur Thematik und Problematik sind durchweg wohl fundiert und belegterweise nachvollziehbar und machbar.

Ich bin sehr angetan und beeindruckt von diesem vierten Band innerhalb einer Quadrologie, die erneut die Honigbiene als ein im Naturkreislauf unverzichtbar eingebundenes Mitglied sowie als dementsprechender ‚Wirtschaftsfaktor' hervorhebt und hoffentlich und endlich zu einem einsichtigen Handeln aller führt." (Schricker, 2008, S. 123 f.)

Der Antrag zur Aufnahme als Doktorand zum Erwerb des akademischen Grades Doktor rerum naturalium (Dr. rer. nat.) an der Freien Universität Berlin vom 22.02.2015 wurde am 18.06.2016 durch den Vorsitzenden des Promotionsausschusses abgelehnt mit der Begründung: „Das von Ihnen vorgelegte Diplom in Militärwissenschaften beinhaltet [...] keinerlei naturwissenschaftlichen Studien."

Prof. Burkhard Schricker danke ich herzlich für seine fast vierzehn Jahre andauernde naturwissenschaftliche Begleitung bezüglich des Wirkens der Honigbiene und seine Bereitschaftserklärung, die Aufgabe als Doktorvater zu übernehmen. Er wird auch Jahre nach dem Abbruch der naturwissenschaftlichen Beratungen weiterhin über meine Erkenntnisse informiert.

Die Honigbiene bleibt mit ihrem alljährlichen Massenumsatz von 15,6 Kilogramm sterbenden Bienen pro Volk und allen anderen, daraus abzuleitenden Erkenntnissen gewichtigste Nahrungskomponente Insekten fressender Lebewesen, insbesondere der Hügel bauenden Waldameisenarten. Die umfassende, auch finanzielle Unterstützung der Bienenhaltung durch die Regierungen muss zu einer grundlegenden Verbesserung der zwischenzeitlich bereits spürbar zurückgegangenen biologischen Vielfalt führen. – **Wir alle brauchen die natürliche Vielfalt.**

Im *Frieling-Verlag Berlin* erschienen von Wolfgang Voigt bereits folgende Bücher:

Die Honigbiene im Kreislauf des Waldes. Wie die Imkerei zur Gesunderhaltung der Wälder beitragen kann (ISBN 978-3-8280-1739-9)

Walderkrankung – Artenrückgang – Klimawandel – Bienensterben. Eine ökologisch orientierte Empfehlung zum Handeln (ISBN 978-3-8280-2049-8)

Pollenallergien und der ökologische Nutzen von Honigbienen. Über den Zusammenklang von Natur und Gesellschaft (ISBN 978-3-8280-2241-6)

Die Honigbiene – Schlüssellebewesen zum Erhalt biologischer Vielfalt. Über Einstein, Gentechnik und Mutationen (ISBN 978-3-8280-2587-5)

Soldat, Bienenflüsterer, Enteigneter. Autobiografische Skizzen eines Imkers (ISBN 978-3-8280-2864-7)

Blütenpflanzen und Honigbienen – Indikatoren des Klimawandels. Ökologische Lösungen sind gefordert (ISBN 978-3-8280-2936-1)

Eigene Notizen: